OUVRAGE PUBLIÉ SOUS LES AUSPICES DU MINISTÈRE DE L'INSTRUCTION PUBLIQUE

SOUS LA DIRECTION DE

L. JOUBIN, Professeur au Muséum d'Histoire Naturelle

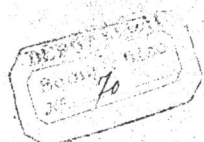

# EXPÉDITION

# ANTARCTIQUE FRANÇAISE

## (1903-1905)

COMMANDÉE PAR LE

## Dr Jean CHARCOT

SCIENCES NATURELLES : DOCUMENTS SCIENTIFIQUES

## POISSONS

PAR

### Léon VAILLANT

Professeur au Muséum d'Histoire naturelle

## PARIS

## MASSON ET Cie, ÉDITEURS

120, Boulevard Saint-Germain, 120

# EXPÉDITION ANTARCTIQUE FRANÇAISE
## (1903-1905)

## *Fascicules publiés*

POISSONS........ Par L. VAILLANT.

*1 fascicule de 52 pages :* **5** *fr.*

TUNICIERS....... Par SLUITER.

*1 fascicule de 50 pages et 5 planches hors texte :* **8** *fr.*

MOLLUSQUES..... *Nudibranches et Marséniadés,* par A. VAYSSIÈRE. — *Cépha-lopodes,* par L. JOUBIN. — *Gastropodes et Pélécypodes,* par ED. LAMY. — *Amphineures,* par le D<sup>r</sup> JOH THIELE.

*1 fascicule de 90 pages et 6 planches hors texte :* **12** *fr.*

CRUSTACÉS....... *Schizopodes et Décapodes,* par H. COUTIÈRE. — *Isopodes,* par HARRIETT RICHARDSON. — *Amphipodes,* par ED. CHE-VREUX. — *Copépodes,* par A. QUIDOR.

*1 fascicule de 150 pages et 6 planches hors texte :* **20** *fr.*

ÉCHINODERMES.. *Stellérides, Ophiures et Échinides,* par R. KOEHLER. — *Holothuries,* par C. VANEY.

*1 fascicule de 74 pages et 6 planches hors texte :* **12** *fr.*

HYDROÏDES....... Par ARMAND BILLARD.

*1 fascicule de 20 pages :* **2** *fr.*

Décembre 1906.

# Expédition Antarctique Française

## (1903-1905)

COMMANDÉE PAR LE

### Dr Jean CHARCOT

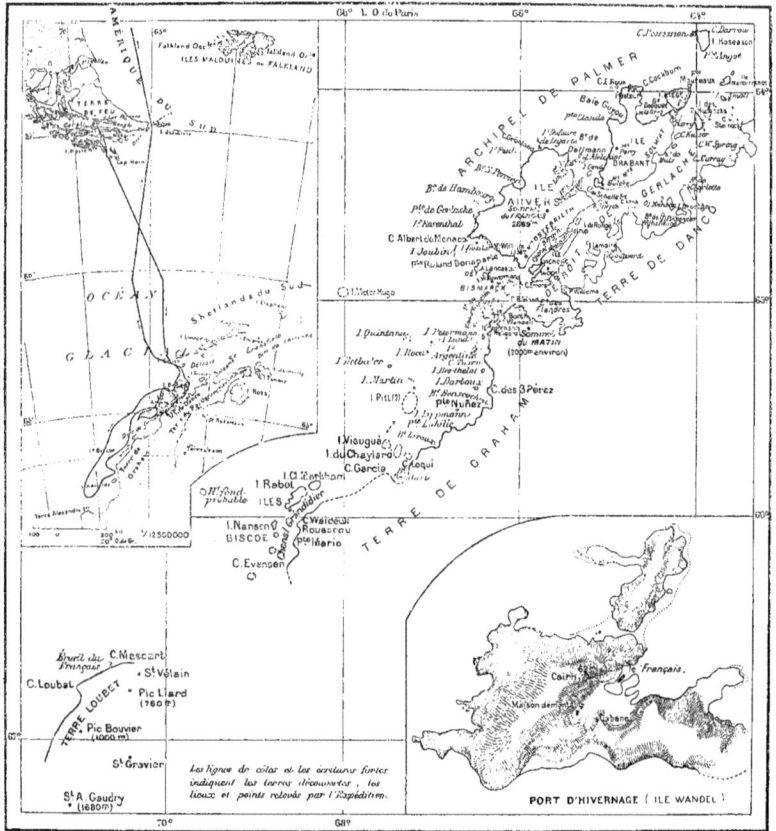

# CARTE DES RÉGIONS PARCOURUES ET RELEVÉES

### PAR L'EXPÉDITION ANTARCTIQUE FRANÇAISE

Membres de l'État-Major :

Jean CHARCOT — A. MATHA — J. REY — P. PLÉNEAU — J. TURQUET — E. GOURDON

OUVRAGE PUBLIÉ SOUS LES AUSPICES DU MINISTÈRE DE L'INSTRUCTION PUBLIQUE

SOUS LA DIRECTION DE

L. JOUBIN, Professeur au Muséum d'Histoire Naturelle

# EXPÉDITION
# ANTARCTIQUE FRANÇAISE
## (1903-1905)

COMMANDÉE PAR LE

## Dr Jean CHARCOT

SCIENCES NATURELLES : DOCUMENTS SCIENTIFIQUES

# POISSONS

PAR

## Léon VAILLANT

Professeur au Muséum d'Histoire naturelle

## PARIS
## MASSON ET Cie, ÉDITEURS
### 120, Boulevard Saint-Germain, 120

# LISTE DES COLLABORATEURS

*Les mémoires précédés d'un astérisque ont paru.*

MM. Trouessart .............. *Mammifères.*

Ménégaux ................ *Oiseaux.*

★ Vaillant ................. *Poissons.*

• Sluiter ................. *Tuniciers.*

★ Vayssière ............... *Nudibranches.*

★ Joubin .................. *Céphalopodes.*

★ Lamy ................... *Gastropodes et Pélécypodes.*

★ Thiele.................. *Amphineures.*

Carl .................... *Collemboles.*

Roubaud ................ *Diptères.*

Trouessart .............. *Acariens.*

Bouvier................. *Pycnogonides.*

★ Coutière ............... *Crustacés Schizopodes et Décapodes.*

Mᵗᵉ ★ Richardson .............. *Isopodes.*

MM. ★ Chevreux............... *Amphipodes.*

★ Quidor ................. *Copépodes.*

Nobili .................. *Ostracodes.*

Œhlert.................. *Brachiopodes.*

Calvet.................. *Bryozoaires.*

Gravier................. *Polychètes.*

Hérubel ................ *Géphyriens.*

Jägerskiöld.............. *Nématodes libres.*

Railliet ................ *Nématodes parasites.*

Blanchard .............. *Cestodes.*

Guiart ................. *Trématodes.*

Joubin.................. *Némertiens.*

Hallez ................. *Planaires.*

Ed. Perrier ............. *Crinoïdes.*

★ Kœhler ................. *Stellérides, Ophiures et Echinides.*

★ Vaney ................. *Holothuries.*

Roule .................. *Alcyonaires.*

Bedot .................. *Siphonophores.*

★ Billard ................. *Hydroïdes.*

Topsent ................ *Spongiaires.*

Turquet ................ *Phanérogames.*

Cardot.................. *Mousses.*

Hariot.................. *Algues.*

Petit................... *Diatomées.*

Gourdon ................ *Géologie, Minéralogie, Glaciologie.*

# POISSONS

## Par M. LÉON VAILLANT

PROFESSEUR AU MUSÉUM D'HISTOIRE NATURELLE

---

La connaissance des Poissons de la Région antarctique est de date relativement récente, ces contrées, d'un accès difficile, où la navigation est particulièrement pénible et périlleuse, n'ayant été explorées avec quelques succès qu'au commencement du xixᵉ siècle. L'Expédition de l' « Astrolade » et de la « Zélée », sous le commandement de Dumont d'Urville (1837-1840), est l'une des premières comme importance scientifique ; malheureusement, pour le point qui nous occupe, Hombron et Jacquinot, naturalistes cependant très expérimentés attachés à ce grand voyage, n'ont rapporté de cette région aucun document concernant l'ichtyologie.

Dans l'Expédition entreprise en quelque sorte au même moment par James Ross (1839-1843), il n'en a pas été de même, et Richardson a établi d'une manière si complète les grandes lignes de la faune des Poissons antarctiques que, dans ce qu'elle a de fondamental, peu y a été ajouté depuis, dès l'instant que les genres *Chænichthys*, *Harpagifer* et par-dessus tout *Notothenia*, en constituent encore à l'heure actuelle la caractéristique.

Au reste, il serait inutile de refaire ici une étude historique, très complètement exposée par M. Dollo dans un ouvrage récent, dont il sera plus loin question.

Il est toutefois important de définir d'abord, autant que le permettent nos connaissances, ce que l'on doit regarder comme Région polaire australe ou Région antarctique. M. le Dʳ Trouessart, qui a introduit la notion de cette division dans les études zoogéographiques, l'a limitée arbitrairement à la ligne isotherme aérienne 0°C. Comme il s'agit ici exclu-

*Expédition Charcot.* — VAILLANT. — Poissons.     1

sivement d'animaux aquatiques, il est préférable de prendre, dans le même ordre d'idée, une isotherme basée sur la température maritime, et l'on s'est arrêté, pour l'hémisphère austral, à celle de 7° C., qui, passant par le détroit de Magellan, suit à peu près les 51ᵉ et 52ᵉ parallèles de latitude sud. Cette limite paraît très naturelle et bien en rapport avec une faune spéciale; mais, pour partager cette Région antarctique en subdivisions acceptables, les données biologiques positives font jusqu'ici défaut. On a donc encore invoqué une notion thermique, la limite d'extension extrême nord de la banquise, qui, à quelques degrés plus au sud, vers 60° à 62° de latitude environ, est irrégulièrement concentrique à la limite précédemment indiquée.

En somme, on distinguerait ainsi une Sous-Région subantarctique ou magellanique comprise entre l'isotherme de 7° et la limite d'extension de la banquise, et une Sous-Région antarctique proprement dite, comprenant tout l'espace polaire inclus dans cette dernière.

La Sous-Région subantarctique renferme comme terres : l'archipel de Magellan, les îles Malouines, Marion, Kerguelen, Campbell, Macquarie, etc.; la Sous-Région antarctique proprement dite : la Géorgie du Sud, les Sandwich du Sud, les îles Bonnet, Doughesty, enfin le continent encore très imparfaitement limité qu'on désigne sous le nom d'Antarctide avec toutes les îles et îlots qui en dépendent.

Il n'est guère possible aujourd'hui d'aller plus loin, et la proposition faite par M. Dollo de délimiter la Sous-Région antarctique proprement dite par le cercle polaire passant environ au 66° de latitude sud ne repose, de son propre aveu, que sur des considérations purement géodésiques et par conséquent sans liaisons directes avec les notions biologiques, d'après lesquelles doivent être établies de semblables divisions. M. Lönnberg a déjà insisté sur ce point (1) et s'arrête à une limite, placée vers le 61° de latitude sud, coïncidant avec la ligne isothermique de 0° C. environ. Cet auteur convient — et l'on ne peut pas ne pas être de son avis — que les notions océanographiques sur ces contrées sont trop incomplètes pour qu'on puisse encore fixer une délimitation réellement positive. Il n'est

---

(1) Einar Lönnberg, 1905, The Fishes of the Swedish South Polar Expedition (*Swedischen Südpolar-Expedition, 1901-1903, unter Leitung von Dr. Otto Nordenskjöld*, Bd. V, Lieferung 6, page 3).

pas douteux d'ailleurs que la température de l'eau ne soit en concordance avec l'extension de la banquise.

On a aussi introduit une division en quadrants qu'il est nécessaire de rappeler, bien qu'empruntée également à des considérations de pure géodosie. Elle partage en effet la région arctique suivant les méridiens 0°, 90° et 180°. Au point de vue biologique, cela est certainement moins acceptable encore que la délimitation basée sur le cercle polaire, celle-ci indiquant au moins l'espace soumis au régime du jour et de la nuit de six mois, c'est-à-dire un phénomène cosmique très susceptible d'influencer les conditions de la vie. Les quadrants ne peuvent donc être admis, et même à titre provisoire, que pour grouper géographiquement les points explorés, sous la réserve expresse qu'ils ne répondent nullement à des divisions biologiques naturelles.

Les dénominations par lesquelles on les a d'abord désignés : quadrants américain, africain, australien, pacifique, étaient simplement géographiques. On leur a substitué plus tard, en suivant le même ordre dans lequel ils viennent d'être énumérés, les noms de : quadrants de Weddell, d'Enderby, de Victoria, de Ross. Quelque louable qu'il soit de consacrer ainsi le souvenir de grands hommes ou de grandes découvertes, ce changement a un double inconvénient. En premier lieu, il exige un effort de mémoire difficile, puisque ces noms nouveaux reposent sur une notion historique, par suite beaucoup moins simple dans le cas actuel que la notion géographique, d'autant que ces navigateurs ont pour la plupart visité plusieurs de ces quadrants et y ont fait des découvertes. L'inconvénient est d'une évidence telle que M. Dollo, par exemple, dans le cours de son travail, a le soin de citer d'ordinaire les deux noms à la suite l'un de l'autre. En second lieu, ces dénominations peuvent, avec quelque raison, être taxées d'arbitraires, et par exemple le quadrant Victoria ne mériterait-t-il pas mieux le nom d'Adélie, ou plus légitimement encore celui de Dumont d'Urville, qui découvrait cette dernière terre en 1840, tandis que la Terre Victoria n'était reconnue par Ross qu'en 1841. Les dénominations géographiques premières méritent, sans aucun doute, d'être conservées, tant qu'on n'aura pas trouvé de division meilleure que cette division en quadrants, dont l'imperfection ne fait de doute pour personne. Comme le dit très justement M. Dollo, il est impossible de prétendre tracer aujourd'hui des provinces biogéographiques définitives.

L'historique des recherches faites sur l'ichtyologie dans la région australe a, je l'ai dit plus haut, été exposé par l'auteur que je viens de citer, avec un soin minutieux, depuis le plus ancien voyage, celui de Magellan, jusqu'à ceux du « Southern Cross » et du « Belgica », qui nous conduisent aux premières années du nouveau siècle. On ne peut donc que renvoyer à ce consciencieux travail pour ce qui concerne ce sujet.

M. Dollo a établi pour cet exposé une division en rapport avec sa conception, indiquée plus haut, du partage de la Région antarctique en Sous-Régions cyclo-polaire et magellanique. Dans le cas particulier, ceci peut avoir sa raison d'être, jusqu'à un certain point, pour la comparaison avec les lieux où ont été exécutées les pêches du « Belgica » ; mais la réunion de ces deux chapitres en un seul eût présenté certains avantages pour la clarté du sujet dans un exposé didactique et évité quelques répétitions. Quoi qu'il en soit, ce résumé historique doit fixer l'attention et facilitera beaucoup les travaux ultérieurs sur l'ichtyologie de ces contrées.

Les conditions dans lesquelles s'est accompli le voyage du « Belgica » n'ont permis de faire que des récoltes ichtyologiques peu abondantes. En premier lieu, dans l'archipel de Magellan, on a pris 21 individus représentant 7 espèces réparties en 6 genres, appartenant à 5 familles. Aucun type nouveau n'est signalé, c'est une simple confirmation de ce qui nous était connu dans ces localités.

Pour la Région cyclo-polaire de M. Dollo, les captures sont encore moins nombreuses : 8 individus, ou plutôt 8 objets ichtyologiques, recueillis ; mais ils représenteraient 5 espèces nouvelles, réparties en autant de genres, dont 3 nouveaux appartiennent à la famille des *Nototheniidæ*, caractéristique de la région. Ce sont :

(1) Louis Dollo, 1904, Résultats du Voyage du « S. Y. Belgica » en 1897-1898-1899, sous le commandement de A. de Gerlache de Gomery. Zoologie, Poissons, p. 5.

Famille NOTOTHENIIDÆ. Espèce *Cryodraco antarcticus* n. g. et sp., 1 individu.
 —         —         —   *Gerlachea australis* n. g. et sp., 1 individu.
 —         —         —   *Racovitzaia glacialis* n. g. et sp., 1 individu.
 —    MACRURIDÆ.     —   *Nematonurus Lecointei* n. sp., 2 individus.
 —    RAJIDÆ.        —   *Raja Arctowskii* n. sp., 3 coques d'œufs.

Pour la première de ces espèces, il est difficile d'admettre que le genre *Cyodraco* soit réellement distinct du genre *Pagetodes* de Richardson, que M. Dollo cite, avec doute il est vrai, dans la synonymie. Certainement le genre de l'ichtyologiste anglais n'est qu'imparfaitement connu par un dessin qu'on n'a pu pousser aussi loin qu'il eût été désirable, l'exemplaire, par accident, ayant été perdu. Toutefois, en comparant la figure donnée par M. Richardson, figure reproduite par M. Dollo (1), avec celle donnée par celui-ci de son *Cryodraco antarcticus* (2), les rapports sont frappants, en ayant égard à la forme générale, à celle de la tête, aux accidents de l'opercule, à la forme de l'uroptère, à la longueur des ventrales et à leur position, à la distribution des teintes. Sans doute la hauteur des nageoires dorsale et anale n'est pas assez grande ; la prolongation de la première en avant est exagérée, au moins a-t-on admis à tort la continuité de la première et de la seconde dorsales. Quoi qu'il en soit, les caractères génériques principaux parlent en faveur d'une identification, qui simplifierait d'autant la nomenclature.

Une seconde remarque est relative à l'admission du *Raja Arctowskii*. Cette espèce n'est pas en effet fondée sur l'étude d'individus, mais sur trois coques cornées, lesquelles incontestablement indiquent, sur le point où elles ont été trouvées, la présence de Poissons du genre *Raja*, ou d'un type voisin, mais qui ne peuvent servir à caractériser une espèce. Dans l'état actuel de la science, la forme de ces coques d'œufs d'Elasmobranches, dont M. Dollo donne un tableau avec figures très complet (3), permet dans bien des cas de les rapporter à un genre déterminé, quoique, parfois, *Ginglymostoma*, *Chiloscyllium*, *Stegostoma*, par exemple, la chose devienne difficile ou même impossible. C'est aussi exceptionnellement que, dans les collections, ces coques, qui y sont cependant

(1) DOLLO, 1904, p. 8, fig. 1.
(2) Spécialement si on consulte la figure 1 de la planche III, où l'animal est représenté de grandeur naturelle. La planche I le figure grossi du double, ce qui rend la similitude moins évidente.
(3) DOLLO, 1904, Pl. IX.

très abondantes, portent des déterminations spécifiques certaines, et, par exemple, pour les Raies de nos côtes, combien en connaissons-nous dont les œufs soient convenablement déterminés et puissent servir à reconnaître les espèces ? Dans le cas spécial qui nous occupe, peut-on affirmer que ces coques n'ont pas été déposées par une Raie déjà connue ? On en signale de la Région magellanique deux, plus un *Psammobatis*, genre très voisin qui pourrait bien produire de semblables coques. Sans doute M. Dollo fait observer que la distance qui sépare le point où ont été pêchées ces coques des côtes où se rencontrent ces *Rajidæ* est au moins de 14° de latitude, avec de grandes profondeurs intermédiaires, qu'ils ont été pris par 500 mètres de fond : ce sont là certainement des présomptions, mais ce ne sont que des présomptions. D'autre part, admettons que de cette localité visitée par le « Belgica », où d'une localité plus ou moins voisine, on ramène une Raie d'espèce nouvelle, devra-t-on lui appliquer de prime abord ce nom de *Raja Arctowskii* ? Si on découvre, d'autre part, plusieurs espèces dans les mêmes conditions, laquelle choisir ? L'auteur veut éviter par ce nom spécifique une périphrase gênante pour les citations, la dénomination « *Raja* sp. du Belgica » ne paraîtrait pas beaucoup plus embarrassante et aurait l'avantage de ne pas introduire dans la nomenclature un nom spécifique inutile, puisqu'il se rapporte à un type indéterminé.

Quoi qu'il en soit de ces remarques sur des points très secondaires, si le *Nematonurus Lecointei* ne fait connaître qu'une espèce nouvelle d'un genre déjà établi, les trois *Nototheniidæ* sont des plus intéressants, aussi bien en fixant d'une manière définitive les caractères du genre *Pagetodes* = *Cryodraco* qu'en établissant les genres *Gerlachea* et *Racovitzaia*, ce dernier si remarquable par la présence de sa poche incubatrice ventrale ; tous ajoutent à nos connaissances sur la famille, avec ces descriptions de types jusqu'ici mal connus ou inconnus, qui présentent des affinités curieuses avec l'ancien genre *Chænichthys* de Richardson.

M. Dollo entre dans de longs développements sur ce qu'il appelle la bionomie des différents groupes et cherche à en faire ressortir des considérations générales en faveur de l'hypothèse transformiste. Il peut paraître prématuré, sur des matériaux aussi peu nombreux et à propos de régions où règne encore une si grande obscurité en ce qui concerne la faune ichtyologique et les conditions océanographiques, de tenter de semblables généralisations.

Ce qui rendra toutefois l'ouvrage de M. Dollo des plus précieux pour les études ultérieures, c'est, en dehors des découvertes nouvelles, la quantité des renseignements bibliographiques qu'il contient : aucun n'a été négligé. Ajoutons qu'on y trouve des tableaux récapitulatifs des espèces avec leurs distributions géographiques, d'excellentes planches et des cartes, dont une surtout, indiquant les différentes localités de la Région antarctique où, jusqu'en 1899, ont été trouvés des Poissons (1), est particulièrement intéressante ; sans doute la forme aphoristique qu'affectionne l'auteur rend parfois la lecture du texte quelque peu pénible, mais l'ensemble n'en constitue pas moins un travail d'une haute valeur.

Une publication postérieure à la précédente, celle de M. Einar Lönnberg, sur les Poissons de l'Expédition suédoise au pôle Sud, n'est pas moins importante pour fixer nos idées sur la faune ichtyologique de ces contrées australes. L'auteur s'est spécialement attaché à faire connaître pour chaque localité les espèces qui y ont été recueillies, et elles sont nombreuses.

En premier lieu, des recherches ont été faites à la Terre de Feu et à l'île des États, puis aux îles Falkland, au banc Burdwood, enfin à la Géorgie du Sud, que l'auteur réunit avec les localités précédentes dans la Sous-Région magellanique. Quoique ces points aient été sans doute plus explorés, M. Lönnberg y signale un nombre relativement important d'espèces non connues, dont une constitue un genre nouveau :

Famille DISCOBOLIDÆ. Espèce *Careproctus georgianus* n. sp. (Géorgie du Sud).
— TRACHINIDÆ. — *Notothenia Kerlandreæ*, n. sp. (Terre de Feu).
— — — — *dubia* n. sp. (Georgie du Sud).
— — — — *brevipes* n. sp. (Iles Falkland).
— — — — *brevicauda* n. sp. (Terre de Feu).
— — — — *Larseni* n. sp. (Géorgie du Sud).
— — — — *gibberifrons* n. sp. (Géorgie du Sud).
— — — *Champsocephalus Gunnari* n. sp. (Géorgie du Sud).
— — — *Artedidraco mirus* n. g. et sp. (Géorgie du Sud).

(1) DOLLO, 1904, Pl. XII.

On a d'ailleurs, en outre de ces 9 poissons, rapporté 23 espèces déjà décrites, dont plusieurs sont regardées comme méritant d'être distinguées à titre de sous-espèces ou de variétés.

| Famille GADIDÆ. | Espèce | *Murænolepis marmoratus* Günther : subsp. *microps.* (Terre de Feu et Géorgie du Sud). |
| — LYCODIDÆ. | — | *Iluocœtes fimbriatus* Jenyns : subsp. *fasciatus* (Terre de Feu, îles Falkland). |
| — TRACHINIDÆ. | — | *Notothenia mizops* Günther : var. *nudifrons* (Géorgie du Sud). |
| — — | — | *Notothenia macrocephala* Günther : subsp. *marmorata* (Géorgie du Sud). |
| — — | — | *Trematomus Hansoni* Boulenger : subsp. *georgianus* (Géorgie du Sud). |
| — — | — | *Trematomus Bernacchii* Boulenger : subsp. *vicarius* (Géorgie du Sud). |

L'Expédition a pénétré également et hiverné dans la Sous-Région antarctique proprement dite. Des pêches ont été faites vers le 63° de latitude sud dans le détroit de Bransfield, qui sépare les îles Shetland du sud de l'extrémité nord-ouest de l'Antarctide (Terres Louis-Philippe et Palmer) ; à l'est de ce même continent : à l'île Paulet, 63° latitude sud, 55°50' longitude ouest ; à l'île Seymour, 64° latitude sud, 56°40' longitude ouest ; à Snow Hill, 64°40' latitude sud, 57° longitude ouest. Le nombre des spécimens et des espèces est moindre, d'autant que la plus grande partie de ces collections, celles en particulier recueillies dans le détroit de Bransfield, ont été perdues avec le navire l' « Antarctic ».

Les individus, au nombre de 23, qu'on a pu étudier, tous appartenant à une même famille, comprennent 7 espèces, réparties en 5 genres, si l'on distingue des *Notothenia* les *Trematomus* :

| Famille TRACHINIDÆ. | Espèce | *Notothenia Nicolai* Boulenger (île Seymour). |
| — — | — | *Notothenia mizops* Günther, var. *nudifrons* (Cap Seymour, Snow Hill). |
| — — | — | *Notothenia Larseni* Lönnberg (Snow Hill). |
| — — | — | *Trematomus Newnesi* Boulenger (île Paulet). |
| — — | — | *Chænichthys rhinoceratus* Richardson : subsp. *hamatus* (Snow Hill). |
| — — | — | *Artedidraco Skottsbergi* Lönnberg (Snow Hill). |
| — — | — | *Pleuragramma antarcticum* Boulenger (Terre Jason). |

Sauf ce dernier Poisson, trouvé dans l'estomac d'une espèce de Phoque (*Leptonychotes Weddelli*), les autres ont été pêchés à la ligne.

On doit également signaler les chapitres où M. Lönnberg a réuni ses observations sur l'appareil digestif et sur la reproduction chez les NOTOTHENIIDÆ.

Le premier a été examiné sur les *Trematomus*, les *Notothenia*, les *Champsocephalus* ; deux figures le font connaître chez le *Trematomus Hansoni* subsp. *georgianus* et le *Champsocephalus Gunnari*. La conclusion de cette étude serait que les *Notothenia* sont essentiellement carnivores, et, si l'on rencontre parfois dans leur tube digestif des fragments d'algues ou d'autres végétaux marins, il faut voir là un fait purement accidentel ; l'argument principal de l'auteur, — et l'on ne peut en contester la justesse, — est que ces débris sont également non digérés, qu'on les prenne dans l'estomac ou dans les parties les plus reculées de l'intestin.

Quant à la reproduction, c'est en examinant l'état de maturité des œufs dans des individus appartenant à différentes espèces que M. Lönnberg est arrivé à établir le moment probable de la ponte. Il y a toutefois une distinction à établir dans la valeur des observations, qui, naturellement, n'ont pu être faites que pendant la saison de l'hivernage, c'est-à-dire pendant les mois d'avril et mai (fin de l'automne austral), juin, juillet et août (hiver austral). Tantôt on a trouvé les femelles avec des œufs très développés, prêts évidemment à être pondus, on a là une observation de valeur positive ; d'autres fois, c'est au contraire en constatant la présence d'ovaires à œufs très peu développés, d'où l'on induit que la ponte doit avoir lieu dans une autre saison ; l'observation ne fournit plus ici une indication aussi précise. L'auteur, d'ailleurs, donne pour chaque Poisson les renseignements les plus détaillés, et l'on peut, d'après ces données s'appliquant à onze espèces, admettre que la ponte aurait lieu de la manière suivante pendant les saisons de cet hémisphère austral, au printemps (24 septembre au 22 décembre, dates prises pour 1902) : *Neostoma macrocephala* subsp. *marmorata*, *Trematomus Hansoni* subsp. *georgianus*, *Artedidraco mirus* ; — en été (22 décembre au 21 mars) : *Notothenia coriiceps*, *N. brevipes*, *N. gibberifrons* ; — en automne (21 mars au 22 juin) : *Notothenia mizops* var. *nudifrons*, *N. Larseni*, *Champsocephalus Gunnari* ; — en hiver (22 juin au 24 septembre) : *Notothenia sima*, *N. brevipes*.

La grosseur des œufs, dans certaines espèces, le *Champsocephalus Gunnari*, l'*Artedidraco mirus*, par exemple, indique assez, suivant l'auteur, qu'ils sont démersaux ; mais il doit en être de même pour les œufs des diverses espèces de *Notothenia*, pondus en automne et en hiver, d'après les déductions ingénieuses de l'auteur, auquel je ne puis que renvoyer.

Ces remarques anatomo-physiologiques, basées sur des faits positifs d'observation, malgré les réserves de M. Lönnberg, qui reconnaît lui-même qu'elles sont encore trop peu nombreuses et n'ont pu être pour-suivies pendant assez longtemps, ne nous en fournissent pas moins des données intéressantes pour servir de base à l'étude éthiologique des Poissons antarctiques.

Les recherches ichtyologiques à bord du « Français » ont été spé-cialement faites à l'île Booth Wandel, c'est-à-dire à la baie Charcot, lieu de l'hivernage, vers 65° de latitude sud et 64° de longitude ouest ; puis à l'île Wincke, située plus au nord, et à l'île Hovgaard, un peu au sud-est de l'île Booth Wandel. Des Poissons ont également été pris plus au sud, à la terre de Graham, par 66° 30′ de latitude sud et à peu près 68° de longitude ouest. Toutes ces localités peuvent être considérées comme dépendant de l'Antarctide et se trouvent dans la région antarctique proprement dite, étant de plus situées dans le quadrant américain.

Les récoltes ont eu lieu du mois de mars 1904 au mois de février 1905.

D'après le catalogue remis par M. Turquet, chargé spécialement des études zoologiques, catalogue dans lequel se trouvent cinquante-trois numéros correspondant à autant de bocaux ou d'individus préparés en peau, on peut, jusqu'à un certain point, juger de l'importance des captures pour chaque station à chaque jour :

Ile Booth Wandel : Mars : 5 (1 num.).
—        Avril : 5 (1 num.), 8 (1 num.), 15 (2 num.), 19 (13 num.).
—        Mai : 3 (2 num.), 27 (1 num.).
—        Juin : 4 (2 num.).
—        Juillet : 18 (3 num.), 28 (1 num.).
—        Octobre : 10 (3 num.), 26 (1 num.), 28 (1 num.), 29 (3 num.).
—        Novembre : 8 (1 num.).
—        Décembre : 13 (1 num.), 14 (1 num.).

Ile Hovgaard. Octobre : 29 (1 num.).
Ile Wincke.   Décembre : 27 (1 num.), 29 (2 num.).
      —        Janvier : 5 (9 num.).
      —        Février : 6 (1 num.).
Terre de Graham. Janvier : 12 (1 num.).

Les Poissons collectionnés sont relativement nombreux : 125 individus environ, résultat d'autant plus satisfaisant que les engins dont on a pu faire emploi n'étaient ni aussi parfaits, ni aussi variés qu'il eût été désirable, car, en dehors de quelques spécimens pris sur la plage ou dans la banquise, c'est à la ligne surtout, puis au chalut et au tramail, que les captures ont été faites, sans qu'on ait pu aller au delà de 40 mètres de profondeur.

Les espèces, comme depuis longtemps la remarque en a été faite, sont peu nombreuses ; en revanche et pour quelques-unes d'entre elles, en particulier dans le genre *Notothenia*, l'abondance des individus est extrême. En somme, dans un sens absolu, les Poissons paraissent très abondants, malgré la rigueur du climat, et, à plusieurs reprises, les explorateurs ont observé des bancs de Poissons morts en quantité prodigieuse passant à la dérive le long des flancs du navire.

Une autre remarque qui n'est pas spéciale à l'Expédition du « Français », — car presque tous les naturalistes qui ont eu l'occasion d'étudier des Poissons venant de ces régions s'en sont plaints, et moi-même autrefois (1), — c'est l'état de conservation généralement très médiocre ou même mauvais des exemplaires, par suite indéterminables et ne pouvant être conservés.

Dans la collection actuelle, la chose s'explique dans un certain nombre de cas par des circonstances particulières. Ainsi plusieurs individus ont été retirés de l'estomac de Phoques ; un de ces Mammifères entre autres, d'après les notes de M. Turquet, n'en avait pas englouti moins d'une soixantaine. Une autre fois, c'est dans le nid d'un Cormoran qu'on rencontra des Poissons. Enfin de l'estomac d'un grand *Notothenia coruceps*, deux furent retirés. Le plus habituellement, ce sont des animaux du genre *Notothenia* ; là où le nombre des proies était si considérable, il

(1) LÉON VAILLANT, 1891. — *Mission scientifique du cap Horn*, 1882-1884, t. VI, 1re partie, C, p. 1 6 note.

s'y trouvait mélangés quelques *Chænichthys Esox*. On comprend que les animaux aient été alors altérés par l'action des sucs digestifs.

D'autres fois, cette raison ne peut être invoquée, et cependant des individus recueillis soit sur la plage (*Notothenia coriiceps*, Coll. Mus. 06-106, 107), soit à la ligne de fond (*Dissostichus eleginoides*, Coll. Mus. 06-140 à 143), quoique paraissant au premier abord en très bon état, se montrent, après examen, altérés au point que la peau dans toute son épaisseur se détache au moindre contact, laissant à nu les tissus sous-jacents.

D'après les détails obligeamment fournis par M. Turquet, les exemplaires, souvent congelés par des températures très basses, étaient d'abord plongés de suite dans un alcool approximativement à 40° centésimaux, puis conservés dans une nouvelle liqueur à 60°. N'ont-ils pas, dans ces circonstances, été soumis à une décongélation trop rapide, favorisée peut-être par la chaleur produite au moment du mélange de l'alcool avec l'eau que ces exemplaires pouvaient contenir? Il ne serait pas sans intérêt de contrôler par l'expérience cette explication hypothétique pour éclairer sur ce point les explorateurs futurs des régions glaciales.

Quoi qu'il en soit, le nombre des espèces recueillies par l'Expédition du « Français » serait de 14, réparties en 6 genres, tous appartenant à la famille des Trachinidæ, comprise avec l'extension que lui donne M. Günther.

Elles sont énumérées dans le tableau suivant :

## TRACHINIDÆ.

Genre Notothenia Richardson.

1. *Notothenia sima* Richardson.
2. — *coriiceps* Richardson.
3. — *cyaneobrancha* Richardson.
4. — *elegans* Günther.
5. — *mixops* Günther.
6. — *acuta* Günther.
7. — *gibberifrons* Lönnberg.
8. — *microlepidota* Hutton.

Genre Dissostichus Smitt.

9. *Dissostichus eleginoides* Smitt.

Genre CHÆNICHTHYS Richardson

10. *Chænichtys Charcoti* n. sp.
11. — *Esox* Günther.

Genre HARPAGIFER Richardson.

12. *Harpagifer bispinis* Forster.

Genre ARTEDIDRACO Lönnberg.

13. *Artedidraco Skottsbergi* Lönnberg.

Genre PLEURAGRAMMA Boulenger.

14. *Pleuragramma antarcticum* Boulenger.

## DESCRIPTION DES ESPÈCES.

### Genre *NOTOTHENIA* Richardson.

Si les limites de ce genre paraissent assez bien établies, il n'en est certainement pas de même pour la distinction des espèces qui le composent, comme le prouvent les opinions diverses émises à ce sujet par les ichtyologistes les plus autorisés.

Son auteur Richardson en admettait dix, auxquelles depuis en ont été ajoutée par MM. Günther (1860-1874-1880), Haast (1873), Hutton (1875-1876), Peters, (1876), Steindachner (1876-1898), Sauvage (1880), Fischer (1884), Smitt (1897), Delphin (1900), Boulenger (1902). On pouvait, en somme, relever une trentaine environ de noms spécifiques; mais, en tenant compte des doubles emplois, M. Boulenger, dans un travail récent, sur lequel il sera revenu plus bas, réduit à quinze le nombre des espèces. Depuis M. Lönnberg (1905) en a fait connaître six nouvelles.

Deux naturalistes ont, dans ces derniers temps, émis sur la compréhension des espèces du genre *Notothenia* des vues absolument différentes, on peut dire opposées, bien faites pour montrer la difficulté au sujet et, d'une manière plus générale, combien nos méthodes en taxinomie ichtyologique reposent sur des bases peu solides.

M. Smitt (1), dans un excellent travail pour lequel il a pu disposer

---

(1) F.-A. SMITT (1897-1898), Poissons de l'Expédition scientifique à la Terre de Feu, sous la direction du D$^r$ O. Nordenskjöld (*Bih. K. Swenska Vet. Akad.*, t. XXIII, art. 3; t. XXIV, art. 5).

de très nombreux matériaux d'étude, pas moins de 123 exemplaires, propose de n'admettre que trois espèces principales : *Notothenia macrocephalus* (1), Günther, *N. cornucola* Richardson et *N. tessellata* Richardson, les deux dernières divisées chacune en trois formes ou sous-espèces ; *Notothenia cornucola* (s. str.) ; *N. marginata* Richardson, *N. sima* Richardson, pour l'une ; *Notothenia tessellata* (s. str.), *N. longipes* Steindachner, *N. canina* n. sp., pour la seconde.

On ne peut disconvenir que cette manière d'envisager les choses ne soit très séduisante, méritant d'attirer l'attention des ichtyologistes et, d'une manière plus générale, des zoologistes. Toutefois, bien que M. Smitt ait fixé avec soin les bases de sa classification dans un tableau synoptique où les caractères différentiels sont largement développés, que des descriptions précises soient données ensuite, j'avoue que, dans la pratique, on se trouve assez embarrassé pour arriver avec ce travail à la détermination des espèces. Dans certains cas, la façon dont sont appréciés les caractères différentiels ne laisse pas que d'être assez incertaine, étant donnés les points de comparaison adoptés par l'auteur. C'est ainsi que, pour la dimension comparative de l'espace interorbitaire, il emploie la longueur du corps, ce qui l'amène à proposer des fractions dont la différence n'est que de 0,01 (plus de 6 p. 100 et moins de 5 p. 100 de la longueur totale) ; c'est d'une évaluation bien difficile. J'ai, il y a longtemps, insisté sur l'avantage qu'on trouve à employer deux dimensions, longueur du corps et longueur de la tête, suivant les cas, pour avoir des termes de comparaison plus commodes. Ce ne sont là que des points de détails, mais ils n'en doivent pas moins être signalés.

M. Boulenger, au contraire, maintient plutôt les idées primitives sur la distinction des espèces et commence par en faire connaître quatre, pour

(1) M. Smitt orthographie ainsi l'épithète, se conformant à la manière de faire de M. Günther lorsqu'il a décrit cette espèce en 1860. On pourrait cependant se demander si ce n'était pas là une faute d'impression, et la plupart des auteurs, moi-même autrefois, avons regardé *Notothenia* comme féminin, d'accord en cela avec Richardson. Au point de vue purement grammatical, il n'est d'ailleurs pas très facile de décider ce qui devrait être adopté. L'étymologie du nom n'est pas donnée, mais il est admissible qu'il vient de : Νότος, vent austral ; θεν, d'où. Comme d'après cette manière de voir le radical final, qui, dans la règle, désigne le genre, est un adverbe, et par conséquent ni masculin ni féminin, le mot ne devrait-il pas être neutre ? Il serait oiseux de s'arrêter longuement sur un point d'aussi peu d'importance dans l'espèce, et le mieux est de s'en tenir à ce qu'a fait Richardson, créateur de cette coupe générique.

lesquelles il propose de constituer un genre spécial, *Trematomus*, uniquement différencié des *Notothenia* parce que le trou cubital (scapulaire des auteurs anglais) est percé dans la pièce cubitale (scapulum) et non entre cette pièce et la pièce radiale (coracoïdien); ce caractère ostéologique, que M. Boulenger avait, dans un autre cas, regardé comme de nature à justifier une distinction de famille, ne lui semble plus mériter que d'être admis comme distinction générique. Je pense, et l'auteur prévoit déjà l'objection, que c'est encore aller trop loin; une disposition anatomique dont le rôle et la valeur physiologique nous échappent encore complètement, qui n'entraîne aucune modification morphologique appréciable, ne paraît pas devoir être prise en aussi sérieuse considération en taxinomie, car on peut la juger dépourvue de suffisante importance biologique.

Quoi qu'il en soit, et laissant à part ces *Trematomus*, dont je ne puis distinguer aucun représentant dans les collections rapportées par M. J. Charcot, M. Boulenger a dressé un tableau synoptique des quinze espèces qu'il admet dans le genre *Notothenia*, tableau qu'il est important d'étudier de près, car c'est ce que nous avons de plus complet et, jusqu'à un certain point, le seul document auquel on puisse avoir recours pour les déterminations, attendu que les descriptions et même les figures données par les auteurs ne sont pas toujours d'accord avec ce qu'a trouvé l'éminent ichtyologiste du British Museum. Pour en donner un exemple chez le *Notothenia elegans*, l'espace interorbitaire, d'après M. Günther, est très étroit, et sa figure en effet ne lui donne guère que 1/19 (soit 0,05) de la longueur de la tête, tandis que M. Boulenger le place parmi les espèces où ce même espace atteint 1/7 à 1/8 (soit 0,14 à 0,12) de cette même longueur.

Les caractères employés dans ce tableau et dans celui dressé par M. Smitt sont en grande partie les mêmes; il n'est pas inutile de les examiner rapidement au point de vue de leur valeur théorique et pratique.

1° *Largeur de l'espace interorbitaire.* — C'est évidemment l'un des caractères les plus objectifs; on ne peut pas ne pas en être frappé, quand

on examine des types extrêmes ; les *Notothenia macrocephala* et *N. coriiceps* d'une part, les *N. mizops* et *N. acuta* d'autre part. Bien que l'on
trouve le passage de l'un à l'autre aspect, il n'y en a pas moins là
un mode d'appréciation qui permet à première vue un classement
facile.

2° *Dimension de l'œil.* — Cette considération est banale et d'un emploi
courant. Il serait seulement utile de chercher à s'entendre sur le terme
de comparaison préférable pour les mesures comparatives ; la longueur de
la tête m'a semblé, — j'ai déjà insisté sur ce point, — la plus pratique ;
c'est celle dont se sont servis beaucoup d'auteurs et qu'adopte M. Boulenger. M. Smitt emploie la dimension de la joue.

3° *Écaillure de la tête.* — Elle a, depuis Richardson, fixé l'attention des
ichtyologistes et présente en effet des différences très frappantes. Tantôt
la tête est entièrement nue et alors soit lisse (*N. elegans*), soit chargée
au moins à la partie interorbito-occipitale de granulations, qui lui donnent
l'aspect de certains cuirs (*N. coriiceps*).

D'autres fois, la tête est écailleuse, et cela à des degrés très variés. Il peut
y avoir simplement des écailles en arrière de l'œil, à la partie supérieure
de la joue et du battant operculaire (*N. Colbecki*) ; puis l'écaillure gagnerait
la joue, le battant operculaire (*N. Nicolai*) ; on trouve des écailles à la
région occipitale et simultanément d'ordinaire dans la région interorbitaire (*N. sima*) ; enfin toute la tête peut être écailleuse jusqu'aux narines,
même au delà, l'extrémité du museau et la région sous-orbitaire antérieure restant seules nues (*N. acuta*). M. Smitt n'est pas éloigné de penser
qu'on exagère la valeur de ce caractère, et qu'avec l'âge il peut y avoir
des variations importantes. La chose n'est pas impossible, mais on
aurait le plus grand tort de ne pas avoir égard à de semblables différences pour la distinction des espèces.

Il est aussi utile de prévenir que, surtout pour les individus de petite
taille, on peut être trompé et croire la peau nue lorsqu'elle est humidifiée
par l'alcool, les écailles étant, on peut dire, alors invisibles ; aussi faut-il
dans ce cas laisser un peu sécher l'exemplaire. C'est un fait bien connu
de ceux qui se livrent à des études de ce genre.

4° *Nageoires impaires.* — Pour les nageoires supérieures et inférieure

(épiptères dure et molle, hypoptère), on ne peut se servir que du nombre
des épines et des rayons, encore les premières offrent-elles des variations
dans une même espèce, bien qu'elles soient, comme on le sait, toujours
en petit nombre, IV à VII. Quant aux rayons, il va sans dire que, toujours
dans une même espèce, les variations deviennent encore plus grandes. Il
y a toutefois une différence à établir entre l'épiptère molle et l'hypoptère,
pour l'étendue des variations entre espèces différentes ; les nombres
extrêmes sont pour la première 38 et 24, variation moins grande que
pour la seconde, où ces mêmes nombres sont 35 et 18 ; aussi a-t-on jugé
que les caractères de cet ordre avaient plus de valeur dans celle-ci et
méritent d'être pris en plus sérieuse considération.

Quant à l'uroptère ou nageoire caudale, c'est à sa forme qu'on a égard,
et elle présente en effet des variations frappantes, que Richardson
avait déjà indiquées comme utiles au point de vue de la classification, et
sur lesquelles, dans son travail, M. Dollo a insisté d'une façon particulière
(1904, p. 121 et suiv.). Tantôt elle est convexe en arrière, c'est-à-dire
arrondie (*N. sima*), d'autrefois tronquée (*N. coriiceps*) ; enfin elle peut
être émarginée, nettement concave (*N. Colbecki, N. Filholi*). L'âge ne
produit-il pas certaines variations ? La chose est possible sinon probable ;
mais on ne peut jusqu'ici que poser la question. Toutefois, lorsqu'il
s'agit d'individus nettement adultes, il est légitime d'avoir égard à ce
caractère, étant donnée l'importance physiologique de l'uroptère dans la
locomotion.

5° *Nageoires paires.* — En général, les pleuropes, ou nageoires pectorales, et les catopes, ou nageoires ventrales, n'offrent que peu d'intérêt au
point de vue des distinctions spécifiques ; il semble plutôt qu'elles soient
propres, surtout les secondes, à fournir des caractères d'ordre supérieur ;
la constance habituelle de la constitution et même du nombre des rayons
dans de grands groupes parle en faveur de cette manière de voir.

Quel est, d'ailleurs, le rôle physiologique de ces nageoires ? C'est ce qu'on
est loin de connaître d'une manière certaine. Elles ne servent, autant
qu'on en peut juger, à la locomotion que d'une manière accidentelle, telles,
dit-on, pour le mouvement de recul, les nageoires pectorales, qui
paraissent bien plutôt venir en aide à la respiration pour favoriser le

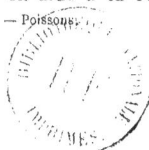

courant efférent de l'eau sortant des branchies et concourent en même temps à maintenir le corps en station verticale. Quant aux catopes, dans le plus grand nombre des cas, elles paraissent agir comme organes du toucher.

On a cependant employé, chez les *Notothenia*, la longueur de ces nageoires ventrales pour la distinction des espèces, comme on peut le voir dans le tableau synoptique de M. Boulenger, reproduit plus loin. M. Smitt s'est également servi du nombre des rayons de la nageoire pectorale. J'avoue que de semblables caractères me paraissent d'une valeur contestable, le premier surtout, qui, dans bien des cas, peut être influencé par l'âge, la saison, le sexe.

6° *Dentition.* — Elle paraît assez uniforme dans le genre; d'ordinaire, les dents intermaxillaires et mandibulaires étant en carde, la rangée externe est un peu plus développée. Dans une espèce qu'a fait connaître M. Smitt, elles deviennent assez fortes pour mériter le nom de canines (*Notothenia canina*). C'est le passage à la dentition des *Dissostichus*.

7° *Écaillure du corps.* — On n'a égard en général qu'au nombre des écailles, qui peut, dans certains cas, fournir d'utiles renseignements; car, en ne parlant que du point le plus important, pour le nombre des rangées transversales ou ligne latérale, le minimum des écailles rencontré est de 46, le maximum 112, — écart, on le voit, considérable.

Toutefois, les nombres étant en général assez élevés, on est, comme d'ordinaire en pareil cas, obligé de donner des formules variables, dans certaines limites, pour la plupart des espèces.

M. Smitt a fait d'intéressantes remarques sur la constitution des écailles et en a publié d'excellentes figures. Elles se rapportent, suivant lui, au type cténoïde ou cycloïde, d'après leur situation sur le corps, plutôt qu'en raison de différences spécifiques. L'étude que j'ai pu en faire me conduit à la même conclusion; elles seraient, suivant la nomenclature que j'ai exposée dans mes cours et différentes notes, du type imbriqué cténoïde, soit spanostique, soit polystique, et cela sur un même individu. Toutefois leur constitution fournit un curieux passage de la variété polystique à la variété monostique; comme dans cette dernière, on ne voit jamais qu'une rangée de spinules bien développées; mais les bases des spinules précédentes persistent et forment un ou plusieurs rangs pavimenteux, qui séparent du bord de la lame les spinules complètes (1).

Notons que la rangée de spinules et les rangées pavimenteuses se séparent avec une grande facilité de cette lame, au moins sur les exemplaires que j'ai examinés, ce qui n'est pas habituel pour les écailles polystiques.

8° *Trachéaux ou branchiospines de la partie inférieure de l'arc branchial antérieur.* — On n'a égard qu'au nombre de ces organes, qui varierait dans des limites assez étendues, puisque, d'après M. Smitt, lequel, à ma connaissance, a le premier attiré l'attention sur ce caractère; il serait inférieur à 10 chez le *Notothenia coriiceps* et dépasserait 23 chez le *Notothenia longipes*.

Il n'est pas douteux que les trachéaux ne jouent un rôle physiologique important comme adjuvants de la respiration en premier lieu et comme pouvant servir, dans certains cas, à la rétention des aliments. Pour cette dernière fonction, ce sont plutôt les variations de forme qu'on aurait à considérer, et cela aurait, sans aucun doute, une importance plus grande au point de vue taxinomique, pouvant fournir des caractères génériques ou même d'ordre plus élevé.

Quoi qu'il en soit, c'est un caractère auquel on ne peut pas ne pas avoir égard, en se rappelant toutefois qu'on observe des différences dans ce nombre pour une même espèce et qu'on doit l'employer, si je puis dire, avec certain tempérament.

L'ordre dans lequel sont examinés ces caractères me paraît les disposer suivant leur importance théorique ; il a été indiqué dans ses grandes lignes sur un tableau synoptique des espèces données par M. Boulenger. Je le reproduis ici tel que je l'avais dressé pour cette étude, en y introduisant les quelques espèces nouvelles proposées plus récemment par M. Lönnberg, chose d'autant plus facile que, ce dernier s'étant inspiré du travail publié par le savant ichtyologiste de Londres, ses espèces sont décrites en ayant égard aux caractères employés par celui-ci (2).

(1) Smitt, 1897, Pl. I, fig. 1 et 2. Consulter d'ailleurs cet intéressant travail, p. 5 et *passim*.
(2) Il ne m'a pas été possible de me procurer de renseignements sur une espèce du Chili que M. Dolfin a décrite en 1899 sous le nom de *Notothenia Porteri*. M. Boulenger n'en fait mention

Le tableau de M. Boulenger se présente avec un caractère d'autorité exceptionnelle. Les types de Richardson, ceux de M. Günther, se trouvant au British Museum, ont pu être examinés avec le plus grand soin ; cette collection contient de plus d'autres espèces ; et, sauf les *Notothenia canina* Smitt, *N. Filholi* Sauvage, elle renferme toutes celles énumérées, au nombre de 15. Aussi peut-on dire que ce travail est le seul document général auquel on puisse avoir recours pour la détermination des espèces, les descriptions originales des auteurs conçues de façons diverses, sans concordance des caractères, étant de peu de secours, les dessins même parfois pouvant laisser dans le doute.

Ainsi, pour le *Notothenia elegans*, M. Günther, dans la description originale, dit que l'espace interorbitaire est très étroit, et, si l'on s'en remet à la figure, dont les dimensions controlables sont données avec une rigoureuse exactitude, cet espace n'aurait pas plus de 1/20 (0,05) de la longueur de la tête, tandis que, d'après le tableau de M. Boulenger, le rapport serait de 1/7 (0,14) à 1/8 (0,12). L'individu type est probablement jeune ; en est-il arrivé de plus développés au British Museum sur lesquels d'autres mensurations ont été prises ? Il serait bien désirable d'avoir un travail descriptif et iconographique comprenant l'ensemble du groupe pour éclairer les naturalistes sur ces différentes questions.

Dans le tableau ici reproduit, sauf les adjonctions dont il a été question plus haut et qui sont indiquées par des numéros *bis* et *ter*, le travail de M. Boulenger est intégralement conservé ; j'ai seulement mis entre parenthèses, à côté des fractions ordinaires, les fractions décimales équivalentes, qui peuvent faciliter les comparaisons :

Genre **Notothenia** Richardson.

(*Synopsis specierum*).

I. Anale ayant de 28 à 35 rayons.

    *A*. Espace interorbitaire au moins 3/11 (0,27) à 1/6 (0,17) de la longueur de la tête.

        1. VI ou VII (exceptionnellement V) épines à la dorsale antérieure ; région occipitale toujours écailleuse.

            α. Région interorbitaire écailleuse.

ni dans son tableau, ni dans la synonymie très complète qui l'accompagne. M. Dollo (1904) se borne à une citation bibliographique que je n'ai pu contrôler.

D. 33-34 ; A. 31-23 ; Sq. 6-7/75-86/20-23 ; nageoire ventrale 3/5 (0,60) de la longueur de la tête.

1. *N. tessellata* Richardson.

D. 32-33 ; A. 30-31 ; Sq. 5-6/68-71/18-19 ; nageoire ventrale 3/5 (0,60) de la longueur de tête.

2. *N. canina* Smitt.

D. 28-30 ; A. 28-30 ; Sq. 4/50-52/14-16 ; ventrale 3/4 (0,75) de la longueur de la tête.

3. *N. sima* Richardson.

β. Région interorbitaire nue, ou écailleuse seulement à la partie postérieure.

D. 28-30 ; A. 28-29 ; Sq. ?/46/? ; nageoire ventrale un peu moins de 3/4 (0,75), espace interorbitaire 1/7 (0,14) de la longueur de la tête.

3 *bis*. *N. Kerlandreæ* Lönnberg.

D. V, 35 ; A. 32 ; Sq. ?/60/? ; nageoire ventrale 5/6 (0,83), espace interorbitaire 1/6 (0,17) de la longueur de la tête.

3 *ter*. *N. dubia* Lönnberg (1).

2. V à VI épines à la dorsale antérieure ; région occipitale et interorbitaire nues.

D. 32-38 ; A. 28-31 ; Sq. 7-10/67-90/20-28 ; joue entièrement ou partiellement nue.

4. *N. coriiceps* Richardson.

D. 36 ; A. 33 ; Sq. 8/87/28 ; joue fortement écailleuse.

5. *N. cyaneobrancha* Richardson.

*B*. Espace interorbitaire 1/7 (0,14) à 1/8 (0,12) de la longueur de la tête.

1. Sq. 3-5/48-54/13-14 ; A. 28-31.

D. VI-VII, 29 ; ventrale 2/3 (0,67) de la longueur de la tête ; région interorbitaire écailleuse.

6. *N. marionensis* Günther.

D. VI, 33-35 ; ventrale presque aussi longue que la tête ; région interorbitaire nue.

7. *N. elegans* Günther.

2. Sq. 5-8/66-78/23-24 ; A. 31-38.

α. Pédoncule caudal au plus aussi haut que long.

D. V-VI, 35-37 ; ventrale ayant 3/4 (0,75) à 4/5 (0,80) de la longueur de la tête ; région interorbitaire écailleuse.

8. *N. longipes* Steindachner.

D. IV, 37 ; ventrale 2/3 (0,67) à 3/4 (0,75) de la longueur de la tête ; région interorbitaire nue.

9. *N. Nicolai* Boulenger.

D. (VI)-VII, 32 ; ventrale 1/2 (0,50) de la longueur de la tête ; région interorbitaire écailleuse.

9 *bis*. *N. brevipes* Lönnberg.

β. Pédoncule caudal beaucoup plus haut que long.

(1) Sur le tableau des dimensions donné par M. Lönnberg, pour cette espèce, la proportion en centièmes de l'espace interorbitaire est dite *en rapport avec la longueur totale, moins l'uroptère*. Étonné du chiffre ainsi obtenu en prenant, suivant un usage plus habituel, le *rapport avec la longueur de la tête*, j'ai prié l'auteur de me donner des éclaircissements, qu'il s'est empressé de me fournir avec une extrême obligeance. Il y a une erreur typographique sur ce tableau ; on doit la rectifier suivant ce qui existe pour les tableaux analogues placés dans ce même travail : p. 31 (*Notothenia mizops*) et p. 34 (*N. gibberifrons*), où cette dimension est comparée à la longueur de la tête supposée 100.

D. V, 35; ventrale 5/7 (0,71) de la longueur de la tête; région interorbitaire écailleuse.

9 *ter. N. brevicauda* Lönnberg.

*C.* Espace interorbitaire 1/10 (0,10) à 1/11 (0,09) de la longueur de la tête; région interorbitaire écailleuse.

χ. Chanfrein en courbe régulièrement convexe.

D. IV-V, 33-37; A. 33-35; Sq. 5/59-66/16-17; ventrale aussi longue ou très peu plus courte que la tête.

10. *N. mizops* Günther.

D. VI, 30; A. 32; Sq. 7/68/22; ventrale ayant 3/4 (0,75) de la longueur de la tête.

11. *N. acuta* Günther.

D. VI, 37-39; A. 38; Sq. ?/69-76/?; ventrale ayant 5/7 (0,70) de la longueur de la tête; celle-ci écailleuse jusque sur le museau et le préorbitaire.

11 *bis. N. Larseni* Lönnberg.

β. Chanfrein avec, au moins chez l'adulte, une saillie sus-oculaire.

D. VII, 31-32; A. 31-33; Sq. ?/68-75/?; ventrale 2/3 (0,67) ou 3/4 (0,75) de la longueur de la tête.

11 *ter. N. gibberifrons* Lönnberg.

II. Anale ayant de 23 à 25 rayons.

*A.* Espace interorbitaire 1/3 (0,33) à 2/7 (0,28) de la longueur de la tête.

D. VII-VIII, 26-27; Sq. 12-13/100-112/32-37; trachéaux 15 ou 16 sur la partie inférieure de l'arc branchial antérieur; caudale échancrée.

12. *N. Colbecki* Boulenger.

D. VI, 28-29; Sq. 8-9/65-68/23-25; trachéaux 10 à 12 sur la partie inférieure de l'arc branchial antérieur; caudale arrondie.

13. *N. microlepidota* Hutton.

*B.* Espace interorbitaire 3/7 (0,43) à 2/3 (0,66) de la longueur de la tête.

D. IV, 29-30; Sq. 7-8/58-62/21-24; trachéaux 10 ou 11 sur la partie inférieure de l'arc branchial antérieur; caudale tronquée ou faiblement échancrée.

14. *N. macrocephala* Günther.

III. Anale ayant de 18 à 20 rayons.

D. VII, 24-25; Sq. ?/100-110/?; tête écailleuse en dessus.

15. *N. Filholi* Sauvage (1).

(1) M. Sauvage n'ayant donné qu'une brève diagnose où se sont glissées certaines erreurs, en grande partie typographiques, je crois devoir ajouter ici quelques détails descriptifs pour mieux définir ce *Notothenia*, que le nombre des rayons de l'anale permet, jusqu'ici, de distinguer de toutes les autres espèces du genre. M. Boulenger a très heureusement choisi ce caractère pour isoler ce type curieux, car dans sa diagnose complémentaire, empruntée à celle de M. Sauvage, plusieurs autres (ligne latérale, écaillure céphalique) ne sont point confirmés par l'étude que j'ai pu faire.

NOTOTHENIA FILHOLI Sauvage.

*Nototænia Filholi* Sauvage 1880. *Bull. Soc. philom. de Paris,* 7e série, t. IV, p. 228.

— — 1885. *Passage de Vénus,* t. III, 2e partie, p. 345.

*Notothenia Filholi* Dollo, 1904. *Voyage du « S. Y. Belgica »,* Poissons, p. 127.

D. VI-27; A. 19.

Squamæ, 11/78/24.

Tête entrant pour 2/7 dans la longueur du corps; la hauteur équivaut à 1/6, l'épaisseur à 1/7, la longueur de l'uroptère à 2/11 de cette même dimension. Le museau, médiocrement allongé, égale très peu plus de 1/4 de la longueur de la tête; l'œil occupe 1/5 environ, et l'espace interorbitaire équivaut à 1/4 de cette même dimension.

1. Notothenia Sima Richardson (1).

Dollo, 1904, p. 121.
Lönnberg, 1905, p. 12.

D. VI-36 ; A. 29.

Sq. 7/53/26.

Tête entrant pour 2/7 dans la longueur du corps ; la hauteur équivaut à 1/4, l'épaisseur à 2/11, la longueur de la nageoire caudale a 1/6 de cette même dimension. Le museau occupe moins de 1/3, l'œil 2/11 de la

Sauf dans la région post-orbitaire et la région operculaire supérieure, encore sur une faible hauteur, la tête est entièrement nue ; toutefois les régions supérieures, depuis l'occiput jusqu'au niveau des narines, sont couvertes de petites élévations verruqueuses, disposées, sur certains points, en séries assez régulières. Les dents, dont une rangée est bien visible, ne peuvent cependant être considérées comme de véritables canines. Les ventrales sont allongées ayant, au moins sur un exemplaire examiné, un peu plus de moitié de la longueur de la tête. Caudale nettement émarginée, sinon même échancrée, les rayons médians ne mesurant que 18 millimètres, tandis que les rayons supérieur et inférieur en mesurent 28 :

|  | Millim. | 1/100. |
|---|---|---|
| Longueur du corps | 148 | » |
| Hauteur | 24 | 16 |
| Épaisseur | 23 | 15 |
| Longueur de la tête | 42 | 28 |
| — de l'uroptère | 28 | 19 |
| — du museau | 11 | 26 |
| Diamètre de l'œil | 9 | 21 |
| Espace interorbitaire | 11 | 26 |

N° 2384. Coll. Mus.

Habitat. — Ile Campbell.

Les exemplaires sont en si médiocre état qu'il a été nécessaire, pour cette description, de la compléter, sauf en ce qui concerne les dimensions, en examinant plusieurs individus différents, et de contrôler ce qui manquait sur l'un par ce qu'on pouvait découvrir sur un autre.

Les caractères de l'écaillure de la tête, de la dentition, de la forme de l'uroptère, ne laissent aucun doute.

Ceci oblige de modifier sur le premier point la diagnose primitive, qui indique la tête comme écailleuse; l'aspect grenu de la peau peut, à la rigueur, en imposer au premier moment.

Je n'insiste pas sur d'autres points de moindre importance comme celui du compte des rayons des dorsales, pour lesquelles M. Sauvage donne la formule VII, 24-25, ou même le nombre des écailles de la ligne latérale, 100 à 110. Pour le premier point, cela n'excède pas les variations habituelles chez les Nototheuia ; pour le second, le chiffre 78 ici donné, soigneusement vérifié sur un des sujets parmi ceux en meilleur état sous ce rapport, me paraît devoir être adopté.

Une autre remarque est relative à la taille, indiquée, d'une manière générale, comme étant de 350 millimètres. Il y a là évidemment une faute d'impression, et on doit lire 150 millimètres ; aucun des dix exemplaires, qui représentent l'espèce, ne dépasse sensiblement cette dimension; celui dont les mesures ont été données dans le tableau ci-dessus est l'un des plus grands.

(1) Pour la synonymie de la plupart de ces espèces, on peut consulter le catalogue classique de M. Günther (1860, t. II, p. 260) avec les rectifications proposées par M. Boulenger « Southern Cross » Pisces, 1902, p. 182), dont le travail, je l'ai dit, m'a servi de guide pour cette étude.

M. Dollo (1904), ayant rassemblé avec un soin extrême les données géographiques pour toutes les espèces connues de la région antarctique, je crois utile de donner l'indication bibliographique pour son travail, me bornant toutefois en général à ce renvoi, avec indication, lorsqu'il y aura lieu, du mémoire de M. Lönnberg (1905).

longueur de la tête ; l'espace interorbitaire équivaut à 1/6 de cette même dimension.

La longueur des ventrales (29 millimètres), environ 2/3 (0,69) de la longueur de la tête, est très peu inférieure à celle donnée par les auteurs, les 3/4 (0,75). L'espace orbito-nuchal, la joue, l'opercule, sont très nettement écailleux.

Dimensions de l'individu pris pour type :

|  | Millim. | 1/100. |
|---|---|---|
| Longueur du corps | 137 | » |
| Hauteur | 34 | 25 |
| Épaisseur | 27 | 19 |
| Longueur de la tête | 42 | 30 |
| — de l'uroptère | 23 | 17 |
| — du museau | 13 | 31 |
| Diamètre de l'œil | 8 | 19 |
| Espace interorbitaire | 7 | 16 |

N° 06-99. Coll. Mus. N° 30 du Catalogue (1).

HABITAT. — Ile Booth Wandel (Ligne, par 20 mètres de fond, — 18 juillet 1904). — « Dos brun grisâtre. »

Deux individus.

2. NOTOTHENIA CORIICEPS Richardson.

Dollo, 1904, p. 122.
Lönnberg, 1905, p. 6 et 13.

D. V.-37 ; A. 29.
Sq. 9/62/18.

Tête entrant pour 1/3 dans la longueur du corps ; la hauteur équivaut à 1/4, l'épaisseur à 3/11, la longueur de la nageoire caudale à 1/5 de cette même dimension. Le museau occupe 2/7, l'œil 1/7 de la longueur de la tête ; l'espace interorbitaire équivaut à 1/3 de cette même dimension.

Cette espèce, avec son tégument céphalique non écailleux, mais couvert de petites rugosités, comme un chagrin, et l'espace très grand qui

(1) Catalogue remis par M. Turquet ; les indications entre guillemets y sont également empruntées.

sépare les orbites est l'un des mieux caractérisés. L'aspect verru-
queux de la tête ne se constate pas chez les jeunes individus.

La longueur des nageoires ventrales, 58 millimètres, est assez
exactement moitié (0,51) de la longueur de la tête.

Chez les individus de taille petite ou moyenne, des bandes sombres,
au nombre de six ou huit, séparées par des espaces clairs, jaunâtres, plus
étroits, ornent les flancs ; les individus adultes de grande taille, comme
le type indiqué ci-après, sont uniformément bruns en dessus ; les parties
latérales du corps et le ventre, jaune-orange. On a noté sur quelques-uns
de petite taille des raies longitudinales jaune rougeâtre sur les nageoires
dorsale et anale. Tout cela devient peu visible sur nos animaux conservés.

Dimensions de l'individu pris pour type :

|  | Millim. | 1/100. |
|---|---|---|
| Longueur du corps................... | 310 | » |
| Hauteur............................ | 74 | 24 |
| Épaisseur ......................... | 84 | 27 |
| Longueur de la tête................. | 103 | 33 |
| — de l'uroptère.............. | 49 | 16 |
| — du museau................ | 30 | 20 |
| Diamètre de l'œil.................... | 15 | 14 |
| Espace interorbitaire................. | 34 | 33 |

N° 06-111. Coll. Mus. (N° 42 du catalogue.)

HABITAT. — a. Ile Booth Wandel (chalut, par 40 mètres de fond). —
19 avril 1904. — N° 14 du catalogue : « Corps piqueté de brun avec bandes
jaunâtres peu nettes ; bandes brun rougeâtre sur la dorsale et l'anale. »

b. Ile Booth Wandel (chalut, par 40 mètres de fond). — 19 avril 1904.
— N° 16 du catalogue : « Bandes jaunâtres transversales sur le corps,
nettement marquées. »

c. Ile Booth Wandel (chalut, par 40 mètres de fond). — 19 avril 1904. —
N° 10 du catalogue : « Larges bandes transversales brun jaunâtre sur le
corps, peu accusées ; nageoire dorsale avec bandes jaune rougeâtre. »

d. Baie sud de l'île Booth Wandel (ligne, par 40 mètres de fond). —
10 octobre 1904. — N° 2 du catalogue : « Foie et intestins avec parasites. »

e. Ile Hovgaard (sur la plage). — 29 octobre 1904. — N° 40 du catalogue.

*f*. Ile Booth Wandel (sur la plage). — 29 octobre 1904. — N° 36 du catalogue : « Corps brun grisâtre. »

*g*. Ile Booth Wandel (sur la plage sous des galets). — 8 novembre 1904. — N° 643 du catalogue.

*h*. Ile Booth Wandel (ligne, par 30 mètres de fond). — 13 décembre 1904. — N° 42 du catalogue : « Dos brun ; ventre et parties latérales du corps de couleur jaune-orange. »

*i*. Ile Wincke (tramail, par 20 mètres de fond). — 5 janvier 1905. — N° 58 du catalogue : « Corps blanc grisâtre. Iris rougeâtre. »

*j*. Ile Wincke (tramail, par 20 mètres de fond). — 6 février 1905. — N° 62 du catalogue : « Dos gris brunâtre. Bandes blanc grisâtre sur les faces latérales du corps. Iris jaune. »

On a pu mettre en collection environ une quinzaine d'individus. Il en a été rapporté un nombre beaucoup plus considérable ; mais la plupart étaient en très mauvais état.

Quelques-uns, pris à l'île Wincke, avaient été préparés à sec avec grand soin ; un seul a pu, et non sans peine, être monté. Le préservatif ayant manqué à M. Turquet, les peaux sont arrivées trop altérées pour être utilisables.

Les tailles extrêmes de nos individus sont $360 + 62 = 422$ millimètres et $58 + 12 = 70$ millimètres.

3. NOTOTHENIA CYANEOBRANCHA Richardson.

Dollo, 1904, p. 123.

D. V-33 ; A. 30.
Sq. 8?/77/ 25?

Tête entrant pour 1/3 dans la longueur du corps ; la hauteur équivaut à 2/9, l'épaisseur à 2/11, la longueur de la nageoire caudale à 1/5 de cette même dimension. Le museau occupe 1/3, l'œil 1/5 de la longueur de la tête ; l'espace interorbitaire équivaut à 2/7 de cette même dimension.

Cette espèce n'est pas sans présenter de grands rapports avec le *3. Notothenia coriiceps*, notamment pour des proportions dont on doit tenir grand compte : ainsi la longueur de la tête, l'intervalle interorbitaire. L'œil toutefois paraît un peu plus grand ; enfin l'écaillure constante de la joue et l'absence chez l'adulte de l'aspect chagriné de la peau permettent de distinguer aisément les deux espèces. La longueur de la nageoire ventrale (29 millimètres chez l'individu qui a servi ici de type) est également assez près de moitié, 6/11 (0,54), de la longueur de la tête.

La livrée et la coloration sont également comparables à ce qu'on connaît pour le *3. Notothenia coriiceps* ; toutefois, chez les plus gros individus, le corps et surtout la tête sont ponctués de nombreuses taches pigmentaires. Quelques exemplaires de petite taille au-dessous de 100 millimètres présentent, à l'extrémité du pédoncule caudal, des macules noires, qui rappellent, avec moins de netteté cependant, la disposition dont il sera question plus loin pour le *6. Notothenia acuta*.

Dimensions de l'individu pris pour type :

|  | Millim. | 1/100. |
|---|---|---|
| Longueur du corps.................. | 169 | » |
| Hauteur.......................... | 38 | 22 |
| Épaisseur ........................ | 31 | 18 |
| Longueur de la tête................. | 54 | 32 |
| — de l'uroptère.............. | 34 | 20 |
| — du museau.............. ... | 17 | 32 |
| Diamètre de l'œil .................. | 11 | 20 |
| Espace interorbitaire................ | 16 | 30 |

N° 06-123. Coll. Mus. (N° 41 du catalogue.)

HABITAT. — *a*. Ile Booth Wandel (chalut, par 40 mètres de fond). — 19 avril 1904. — N° 17 du catalogue : « Corps à bandes transversales, brunes près de la nageoire dorsale et jaunâtres près de la face ventrale. »

*b*. Ile Booth Wandel (chalut, par 40 mètres de fond. — 19 avril 1904. — N° 18 du catalogue : « Région dorsale avec bandes brunes transversales. Sur le reste du corps, bandes de couleur jaune brun. »

*c*. Ile Booth Wandel (chalut, par 40 mètres de fond. — 19 avril 1904. — N° 19 du catalogue.

*d*. Ile Booth Wandel (plage). — 28 octobre 1904. — N° 38 du catalogue : « Corps d'aspect jaunâtre. »

*e*. Ile Booth Wandel (recueillis dans la glace de la banquise et sur la plage).

— 16 décembre 1904. — N° 41 du catalogue : Bien que les quatre individus (M. Turquet n'en mentionne que trois) appartiennent, je pense, à la même espèce, des renseignements différents sont donnés sur leur coloration: « 1° couleur gris argenté sans écailles ; 2° corps à bandes blanches et brun rougeâtre alternatives. » Aujourd'hui tous ces animaux paraissent à peu près semblables, quoique la livrée soit plus marquée naturellement sur les plus petits individus (minimum : $96 + 19 = 115$ millimètres) que sur les grands (maximum : $169 + 34 = 203$ millimètres) ; ces derniers sont de plus couverts d'un épais mucus, qui masque les écailles et en rend le compte douteux.

*f.* Ile Wincke (drague, par 20 mètres de fond). — 29 décembre 1904. — N° 44 du catalogue : « Corps de couleur rougeâtre à bandes brunes tranversales.

Le plus grand des individus rapportés a été pris pour type ; il y en a de toutes tailles, depuis $57 \times 14 = 71$ millimètres.

#### 4. NOTOTHENIA ELEGANS Günther.

Dollo, 1904, p. 124.
*Notothenia marionensis* Vaillant, 1906, p. 139.

D. IV-40; A. 30.
Sq. 7/50/17.

Tête entrant pour 3/11 dans la longueur du corps ; la hauteur équivaut à 2/9, l'épaisseur à 2/11, la longueur de la nageoire caudale à 1/7 de cette même dimension. Le museau occupe un peu plus de 2/7, l'œil environ 1/4 de la longueur de la tête ; l'espace interorbitaire équivaut à 1/7 de cette même dimension.

L'occiput, l'opercule, la joue, sont écailleux ; l'espace interorbitaire, les parties antérieures de la tête, nus.

La nageoire ventrale, longue, mesure sur notre individu 24 millimètres, c'est-à-dire 5/6 (0,83) de la longueur de la tête. La nageoire caudale, au premier abord, paraît être convexe ; en y regardant de plus près, elle est plutôt tronquée à angles arrondis.

D'après l'individu conservé dans la liqueur, la livrée consiste en des taches sombres plus ou moins quadrilatérales, au nombre de quatre ou cinq, aussi bien au-dessus qu'au-dessous de la ligue latérale, séparées par des espaces clairs à peu près de même largeur; elles alternent grossièrement en damier (disposition tessellée).

Dimensions de l'individu pris pour type :

|  | Millim. | 1/100. |
|---|---|---|
| Longueur du corps.................... | 102 | » |
| Hauteur............................ | 23 | 22 |
| Épaisseur.......................... | 19 | 18 |
| Longueur de la tête.................. | 29 | 28 |
| —      de l'uroptère.............. | 16 | 15 |
| —      du museau................ | 9 | 31 |
| Diamètre de l'œil.................... | 7 | 24 |
| Espace interorbitaire................ | 4 | 14 |

N° 06-126. Coll. Mus. (N° 19 du catalogue.)

Habitat. — Île Booth Wandel (chalut, par 40 mètres de fond). — 19 avril 1904.

Nous n'avons aucun renseignement particulier sur cet individu, pris avec un très grand nombre d'autres poissons appartenant au même genre, notamment 3. *Notothenia cyaneobrancha*, dont il se distingue entre autres caractères par l'étroitesse de l'espace interorbitaire.

Il est difficile de l'assimiler spécifiquement d'une manière positive. D'après le nombre des rayons de l'anale, la largeur de l'espace interorbitaire, le nombre des écailles de la ligne latérale, le tableau de M. Boulenger peut faire hésiter entre les *Notothenia marionensis* et *N. elegans*; l'espace interorbitaire nu, la dimension de la nageoire ventrale très peu moins longue que la tête et dépassant l'anus, m'engagent à le rapprocher de ce dernier. A un premier examen et m'en référant surtout à la description ainsi qu'à la figure données par M. Günther, j'avais cru, d'après la coloration et la largeur de l'espace interorbitaire, devoir au contraire l'assimiler au *Notothenia Marionensis*.

L'individu qui a servi de type au savant ichtyologiste du *British Museum* était, il faut le dire, un peu jeune.

On remarquera que cet individu ne présente que IV épines à la première dorsale au lieu de VI ou VII; mais n'ayant qu'un exemplaire unique, on ne peut, d'après ce qui nous est connu du genre *Notothenia*, qu'être réservé dans l'emploi de ce caractère.

### 5. NOTOTHENIA MIZOPS Günther.

Dollo, 1904, p. 125.
Lönnberg (var. *nudifrons*), 1905, p. 30, Pl. 1, fig. 2.

D. IV-34; A. 34.
Sq. 6/51/21.

Tête entrant pour 1/4 dans la longueur du corps; la hauteur équivaut à 1/5, l'épaisseur à 1/6, la longueur de la nageoire caudale à 1/6 de cette même dimension. Le museau occupe 1/3, l'œil 1/3 de la longueur de la tête; l'intervalle interorbitaire, 1/15 de cette même dimension.

L'écaillure de la tête est complète jusqu'entre les narines; l'extrémité antérieure du museau et la région sous-orbitaire seules sont nues (1).

La ventrale dépasse notablement l'anus, s'étendant jusque vers le quatrième rayon de l'hypoptère. Sur l'individu pris pour type, elle mesure 14 millimètres, soit à très peu près la longueur de la tête (0,98).

L'uroptère est arrondi, convexe en arrière.

La livrée sur les individus jeunes que nous avons pu examiner consiste en une série de cinq ou six taches quadrilatères sombres, aussi bien au-dessus qu'en dessous de la ligne latérale, qui, surtout en arrière, affectent une disposition plus ou moins tessellée, mais en avant se répondent, formant des bandes transversales verticales.

Dimensions de l'individu pris pour type :

|                              | Millim. | 1/100 |
|------------------------------|---------|-------|
| Longueur du corps            | 59      | »     |
| Hauteur                      | 12      | 20    |
| Épaisseur                    | 10      | 17    |
| Longueur de la tête          | 15      | 25    |
| —      de l'uroptère         | 10      | 17    |
| —      du museau             | 5       | 33    |
| Diamètre de l'œil            | 5       | 33    |
| Espace interorbitaire        | 1       | 6     |

N° 06-128. Coll. Mus. (N° 8 du catalogue.)

(1) Dans la variété établie par M. Lönnberg, sur les conseils de M. Boulenger, les régions interorbitaire et occipitale sont nues. Ceci ne facilite pas la distinction déjà si peu aisée des espèces du genre *Notothenia*,

Habitat. — *a*. Ile Booth Wandel (dragage, par 20 mètres de fond). — 15 avril 1904. — N° 288 du catalogue.

*b*. Ile Booth Wandel (chalut, par 40 mètres de fond). — 19 avril 1904. — N° 8 du catalogue : « Corps avec bandes noires ou brun rougeâtre transversales. Bandes noires sur les nageoires. »

*c*. Ile Booth Wandel (chalut, par 40 mètres de fond). — 19 avril 1904. — N°⁽ˢ⁾ 17 et 18 du catalogue.

L'espèce a été d'abord trouvée à l'île Kerguelen. La variété décrite par M. Lönnberg fut recueillie en assez grande abondance sur différentes stations de la Georgie du Sud.

Nos exemplaires ont été capturés sur un point encore plus austral, nettement situé dans la Sous-Région antarctique proprement dite.

Les six individus rapportés par la Mission J. Charcot sont tous de petites tailles ; le plus grand est celui dont les mesures ont été données plus haut ; le plus petit n'a que $36 + 9 = 45$ millimètres. L'espèce jusqu'ici ne paraît guère dépasser 150 millimètres.

On trouvera la diagnose différentielle avec celle de l'espèce suivante.

6. Notothenia acuta Günther.

Dollo, 1904, p. 125.

D. VII-32 ; A. 32.<br>Sq. 8/50/19.

Tête entrant pour 2/7 dans la longueur du corps ; la hauteur équivaut à 2/11, l'épaisseur à 2/7, la longueur de la nageoire caudale à 1/8, de cette même dimension. Le museau occupe 1/3, l'œil 1/5 de la longueur de la tête ; l'espace interorbitaire équivaut à 1/10 de cette même dimension.

L'écaillure de la tête, bien visible ici sur plusieurs individus de très grande taille, est exactement celle indiquée pour le *5. Notothenia mizops*.

La nageoire ventrale, chez les adultes, n'atteint pas à beaucoup près l'anus, dont elle approche chez les jeunes ; sa dimension d'après les deux individus dont les mesures seront données plus bas, est chez l'un de 60 millimètres environ, soit 1/2 (0,49) de la longueur de la tête ; chez l'autre de 10 millimètres, soit 2/3 (0,69) de cette même dimension.

Pour la forme de la nageoire caudale, pour la livrée, je ne puis que renvoyer à ce qui a été dit à propos du *5. Notothenia mizops*.

Cependant, en ce qui concerne cette dernière, la livrée, j'ajouterai que chez les jeunes on remarque à la limite postérieure de la queue, là où s'insère l'uroptère, un trait noir vertical en chevron à sommet antérieur ; un trait de même couleur partant de ce sommet anguleux remonte ordinairement sur la ligne latérale ; l'ensemble donne alors l'aspect d'un Y couché. Ceci peut être regardé comme une sorte de livrée néotésique ; on ne rencontre plus cet accident chez les individus d'une certaine taille. Cette particularité n'est pas absolument spéciale à l'espèce ici décrite ; je la retrouve non seulement chez le *5. Notothenia mizops*, mais encore chez les *2. N. coriiceps*, *3. N. cyaneobrancha*. Le fait, par suite, semblerait assez général dans le genre.

Dimensions de l'individu pris pour type :

|  | Millim. | 1 100. |
|---|---|---|
| Longueur du corps................ ........ | 410 | » |
| Hauteur..................... | 80 | 19 |
| Épaisseur...................... | 110 | 29 |
| Longueur de la tête................. | 122 | 30 |
|    —     de l'uroptère.............. | 54 | 13 |
|    —     du museau................. | 39 | 32 |
| Diamètre de l'œil. .............. | 25 | 20 |
| Espace interorbitaire................ | 12 | 10 |

N° 06-132. Coll. Mus. (N° 43 du catalogue.)

Cet exemplaire est d'une taille remarquable, on pourrait dire exceptionnelle dans le genre *Notothenia* ; je crois utile, spécialement pour les comparaisons avec l'espèce précédente, d'y joindre les dimensions d'un exemplaire plus petit :

|  | Millim. | 1/100. |
|---|---|---|
| Longueur du corps. ................. | 46 | » |
| Hauteur....................... | 8,5 | 18 |
| Épaisseur...................... | 9 | 19 |
| Longueur de la tête................ ........ | 14,5 | 31 |
|    —     de l'uroptère.............. | 10 | 21 |
|    —     du museau................. | 4 | 27 |
| Diamètre de l'œil.................... | 4,5 | 31 |
| Espace interorbitaire................ | 1 | 07 |

N° 06-131. Coll. Mus. (N° 12 du catalogue.)

Habitat. — *a*. Ile Booth Wandel (chalut, par 40 mètres de fond). — 19 avril 1904. — N° 12 du catalogue : « Corps avec deux bandes brunes transversales sur le dos. Nageoires pectorales à quatre bandes jaunâtres transversales. »

*b*. Ile Wincke (filet, par 20 mètres de fond). — 28 décembre 1904. — N° 43 du catalogue : « Dos grisâtre. Face ventrale du corps et nageoires jaunâtres. »

*c*. Ile Wincke (tramail, par 20 mètres de fond). — 5 janvier 1905. — N° 49 du catalogue : « Iris jaune rouge tacheté de noir. »

*d*. Ile Wincke (tramail, par 20 mètres de fond). — 5 janvier 1905. — N° 52 du catalogue : « Iris jaune sans taches brunes. »

Il me paraît très douteux que les espèces 5. *Notothenia mizops* et 6. *N. acuta* soient distinctes l'une de l'autre, en s'en rapportant aux descriptions données par leur auteur, c'est-à-dire M. Günther, complétées par le tableau de M. Boulenger.

Ce qui serait le plus démonstratif se réduit : 1° à la dimension de la tête un peu plus petite proportionnellement dans la première que dans la seconde (1/4 de la longueur du corps : *N. mizops* ; 2/7 : *N. acuta*), mais la différence est bien petite ; 2° à la longueur des ventrales depassant l'anus chez l'un, l'atteignant chez l'autre ; 3° à la coloration, le *Notothenia mizops* présentant sur la joue deux raies obliques qui manquent chez le *Notothenia acuta*.

Il n'est pas contestable que ces distinctions ne soient d'une appréciation délicate.

On ne doit pas oublier que le caractère peut-être le plus saillant, la longueur relative des ventrales, subit, avec l'âge, des changements notables.

### 7. Notothenia gibberifrons Lönnberg.

Lönnberg, 1905, p. 33 ; Pl. III, fig. 10.

D. VII-33 ; A. 31.
Sq. 8/69/18.

Tête entrant pour 2/7 dans la longueur du corps ; la hauteur équivaut à 2/11, l'épaisseur à 2/9, la longueur de la nageoire caudale à 2/11 de cette même dimension. Le museau occupe 4/11, l'œil 1/4 de la longueur de la tête ; l'espace interorbitaire équivaut à 1/5 de cette même dimension.

Comme M. Lönnberg l'a fait observer, la tête est entièrement écailleuse, sauf tout à fait à l'extrémité du museau et dans la région préorbitaire.

La longueur des nageoires ventrales dans l'individu pris ici pour type est de 38 millimètres, c'est-à-dire très peu plus que la moitié de la longueur de la tête, 4/7 (0,57) ; d'après la description originale, elle varie suivant l'âge des 2/3 (0,67) aux 3/4 (0,75).

La saillie sus-orbitaire, caractéristique de l'espèce, est bien marquée sur nos différents individus, d'autant plus cependant, d'après ce qu'on peut induire par l'observation d'un si petit nombre d'exemplaire, qu'ils seraient plus jeunes ; mais le plus petit mesure encore 154 + 22 = 176 millimètres. Cependant, chez les individus peu âgés, d'après M. Lönnberg, cette saillie sus-oculaire devient presque inappréciable.

La nageoire caudale est tronquée.

La livrée consiste en taches nuageuses irrégulièrement en réseau au-dessus de la ligne latérale, la partie inférieure étant, d'une manière générale, incolore. Les nageoires dorsales, surtout la seconde, offrent sur les rayons des taches alignées en bandes obliques ; la nageoire anale est uniformément pâle, sauf la base de chaque rayon marquée d'une teinte sombre ; les nageoires caudale et pectorales sont également chargées de taches en bandes transversales au nombre de 6 à 7 environ ; on ne distingue rien de semblable aux nageoires ventrales.

Dimensions de l'individu pris pour type :

|  | Millim. | 1/100. |
|---|---|---|
| Longueur du corps................... | 210 | » |
| Hauteur........................... | 39 | 18 |
| Épaisseur ......................... | 46 | 22 |
| Longueur de la tête................. | 66 | 31 |
| — de l'uroptère.............. | 41 | 19 |
| — du museau............... | 23 | 35 |
| Diamètre de l'œil. ............ ...... | 16 | 24 |
| Espace interorbitaire................ | 4 | 6 |

N° 06-134. Coll. Mus. (N° 15 du catalogue.)

HABITAT. — Ile Booth Wandel (chalut, par 40 mètres de fond). — 19 avril 1904. — « Corps piqueté de noir, avec bandes jaunes peu nettes. »

Trois individus ont été rapportés par la Mission du D' J. Charcot.

Ils sont malheureusement du nombre de ceux chez lesquels le tégument altéré se détache avec une facilité extrême.

Cette espèce, avec l'étroitesse de son espace interorbitaire, inférieur à 1/10 (0,10) de la longueur de la tête, sa tête presque entièrement couverte d'écailles, le nombre des rayons de sa nageoire anale 28 à 35, se rapproche, d'après le tableau synoptique donné par M. Boulenger, des *5. Nothothenia mizops* et *6. N. acuta*; il n'en diffère en somme que par la saillie sus-orbitaire.

L'avenir montrera ce qu'il faut penser de la valeur spécifique de ce caractère et si ces trois espèces ne devront pas être considérées comme de simples variétés. Dans l'état actuel de nos connaissances, on ne peut que poser la question.

Les individus d'après lesquels a été primitivement décrite l'espèce (sept adultes et de nombreux jeunes) venaient de différentes stations de la Géorgie du sud, c'est-à-dire vers la limite nord de la Sous-Région antarctique proprement dite, si bien que M. Lönnberg paraît plutôt comprendre cette île dans la Sous-Région magellanique. La chose est en effet discutable.

### 8. NOTOTHENIA MICROLEPIDOTA Hutton.

Dollo, 1904, p. 125.

D. VI-32; A. 22.
Sq. 7/59/23.

Tête entrant pour 3/11 dans la longueur du corps ; la hauteur équivaut à 1/5, l'épaisseur à 1/7, la longueur de la nageoire caudale à 1/5 de cette même dimension. Le museau occupe 1/4, l'œil 1/4 de la longueur de la tête ; l'espace interorbitaire équivaut à 3/11 de cette même dimension.

Il n'est pas douteux que le battant operculaire et la joue ne soient couverts d'écailles ; l'espace interorbitaire au contraire est nu ; pour la région occipitale, il paraît en être de même ; mais l'état des individus ne permet pas d'être affirmatif à cet égard.

Sur l'individu particulièrement étudié, la nageoire ventrale mesure 21 millimètres, soit les 3/4 (0,75) de la longueur de la tête.

La nageoire caudale est émarginée, concave.

On ne distingue que très vaguement des taches quadilatérales sombres au-dessus de la ligne latérale; les nageoires, sauf les dorsales, qui sont teintées de sombre, sont pâles, unicolores; il n'existe aucune trace des teintes indiquées plus loin d'après les observations faites par M. Turquet.

Dimensions de l'exemplaire étudié :

|  | Millim. | 1/100. |
|---|---|---|
| Longueur........................... | 99 | » |
| Hauteur........................... | 21 | 21 |
| Épaisseur.......................... | 15 | 15 |
| Longueur de la tête................. | 28 | 28 |
| — de l'uroptère.............. | 21 | 21 |
| — du museau............... | 7 | 25 |
| Diamètre de l'œil................... | 7 | 25 |
| Espace interorbitaire................ | 8 | 28 |

N 06-138. Coll Mus. (N° 13 du catalogue.)

HABITAT. — a. Ile Booth Wandel (chalut, par 40 mètres de fond). — 19 avril 1904. — N° 11 du catalogue : « Corps à bandes transversales brun jaunâtre. »

b. Ile Booth Wandel (chalut, par 40 mètres de fond. — 19 avril 1904. — N° 13 du catalogue : « Corps à larges bandes brunes transversales. Nageoire anale à bandes rougeâtres très nettes. »

Nos individus, au nombre de quatre, sont de petite taille; les mesures ont été prises sur le plus grand; il est en très médiocre ou plutôt mauvais état. Aussi la détermination ne peut être donnée qu'avec certaines réserves, d'autant plus que, d'après M. Hutton, l'espèce peut atteindre jusqu'à 438 millimètres, et, la différence d'âge d'avec nos exemplaires étant par conséquent très grande, l'assimilation est d'autant plus douteuse.

Le *Notothenia microlepidota* n'est pas sans avoir quelques rapports, semble-t-il, avec le *Notothenia Filholi* ; mais il faudrait avoir des éléments de comparaison plus complets pour résoudre la question.

#### 9. DISSOSTICHUS ELEGINOIDES Smitt.

Dollo, 1904, p. 128.

D. IX-26; A. 25.
Sq. 13/115/38.

Tête entrant pour 1/3 dans la longueur du corps ; la hauteur équivaut à 2/11, l'épaisseur à 1/6, la longueur de l'uroptère à 2/11 de cette même dimension. Le museau entre pour 2/7, l'œil pour 2/11 dans la longueur de la tête ; l'espace interorbitaire équivaut à 2/9 de cette même dimension.

Les écailles sont remarquablement petites ; l'une des flancs, sur l'exemplaire qui a été particulièrement étudié, mesure 2$^{mm}$,25 sur 1$^{mm}$,5. Leur forme est assez régulièrement ovalaire, à peine atténuée postérieurement ; foyer sub-centrale un peu reporté en arrière ; des sillons centrifuges s'étendent jusqu'au bord sur toute la moitié antérieure du contour limbaire, y limitant 10 à 13 festons ; les côtes concentriques couvrent toute l'écaille, s'interrompant irrégulièrement sur la partie postérieure réduite à une lamelle membraneuse. Sur les écailles de la ligne latérale, à très peu près de même dimension (2$^{mm}$,25 de long sur 1$^{mm}$,25 de large), le canal scléreux, très développé, occupe plus de la moitié de la largeur ; les sillons centrifuges sont peu nombreux, limitant un large feston en face de l'orifice antérieur du canal et un ou deux festons de la taille ordinaire de chaque côté ; le canal lui-même, outre l'orifice antérieur, n'en présente qu'un en arrière, répondant, semble-t-il, à la perforation focale.

C'est là le type habituel des écailles ; il a été bien décrit et figuré par M. Smitt (1). Toutefois, on trouve sur les flancs, vers la région mitoyenne, entre la ligne latérale et la ligne médio-ventrale, des écailles exactement semblables, mais présentant sur le bord libre quelques spinules bien distinctes, unisériées, au nombre d'au plus 6 ou 7, d'après les exemplaires examinés, libres, non soudées à la lamelle et incluses dans le repli dermo-épidermique, qui coiffe le bord libre postérieur de celle-ci. C'est, avec moins de régularité, ce qu'on connait pour les écailles monostiques des *Gobius*.

Je n'ai pu malheureusement reconnaître la distribution exacte de ces

(1) Smitt, 1898, Pl. I, fig. 4, 5, 6, 9 et 10.

écailles, si ce n'est que, à la hauteur où elles se rencontrent et vers la
région correspondant à l'extrémité de la nageoire pectorale, elles m'ont
paru disposées suivant des séries longitudinales, dont il ne m'a pas été
possible d'apprécier les limites. Quoi qu'il en soit, la présence de ces
écailles spinulifères semble, en quelque sorte, exceptionnelle, et le
type général doit être considéré comme rentrant dans celui des écailles
imbriquées (cténoïdes spanostiques = écailles cycloïdes des auteurs).

Dimensions de l'individu pris pour type :

|  | Millim. | 1/100. |
|---|---|---|
| Longueur du corps................. | 224 | » |
| Hauteur.......................... | 43 | 19 |
| Épaisseur......................... | 38 | 17 |
| Longueur de la tête................ | 77 | 34 |
| —    de l'uroptère.............. | 43 | 19 |
| —    du museau................ | 23 | 30 |
| Diamètre de l'œil................... | 15 | 19 |
| Espace interorbitaire................ | 18 | 23 |

N° 06-140. Coll. Mus. (N° 29 du catalogue.)

Un exemplaire exceptionnellement grand, en médiocre état de conservation (la paroi abdominale ayant disparu et le corps étant en partie
décomposé), se trouve aussi dans la collection. Ses dents canines, très
robustes, n'ont pas moins de 6 à 7 millimètres de long. Ses principales
dimensions ont pu en être prises, et les proportions, malgré la différence de taille, sont, on peut dire, les mêmes que pour le précédent
individu. Le tableau ci-dessous le fera ressortir :

|  | Millim. | 1/100. |
|---|---|---|
| Longueur du corps.................. | 580 | » |
| Hauteur.......................... | 100? | 17? |
| Épaisseur......................... | 130? | 22? |
| Longueur de la tête................ | 190 | 33 |
| —    de l'uroptère.............. | 96 | 16 |
| —    du museau................ | 64 | 33 |
| Diamètre de l'œil................... | 34 | 18 |
| Espace interorbitaire................ | 44 | 23 |

N° 06-139. Coll. Mus. (N° 4 du catalogue.)

HABITAT. — a. Ile Booth Wandel (tramail, par 20 mètres de fond). —
Le 5 mars 1904. — N° 4 du catalogue : « Individu adulte. Longueur
71 centimètres. Corps de couleur brun grisâtre. Mâchoire supérieure

avec tache noire carrée au milieu du bord supérieur. Dos grisâtre. Nageoire dorsale brunâtre ; nageoire caudale blanc brunâtre ; nageoires pectorales brunes avec une bande blanche de 3 à 4 millimètres à leur base ; nageoires ventrales petites avec bandes alternativement brunes et blanches. Pupille bleuâtre, entourée d'un iris blanc rosé avec zones rouge vineux dans la moitié postérieure. »

*b.* Île Booth Wandel (ligne, par 30 mètres de fond). — Le 18 juillet 1904. — N° 29 du catalogue : « Dos gris, taches brunâtres sur les parties latérales. Iris jaune ; pupille un peu losangique à grand axe antéropostérieur. »

C'est parmi ces derniers qu'a été pris l'individu choisi spécialement comme type d'étude. Trois autres de moindre taille avaient été pêchés en même temps ; le plus petit mesure $189 + 33 = 222$ millimètres.

Tous ces *Dissostichus eleginoides* proviennent de la Sous-Région antarctique ; les types décrits par M. Smitt, auteur de l'espèce, étaient de la Sous-Région magellanique.

10. CHÆNICHTHYS CHARCOTI Léon Vaillant.

Léon Vaillant, 1906, p. 247.

11. CHÆNICHTHYS ESOX Günther.

Dollo, 1904, p. 129.

Ces deux espèces sont représentées dans les collections rapportées par le « Français », mais les individus sont en mauvais état ; aussi est-il nécessaire de faire quelques réserves sur la valeur des déterminations.

Pour le *Chænichthys Charcoti*, tout se réduit à un exemplaire, qu'on a cherché à conserver par l'emploi de l'acétate de soude ; mais ce procédé n'a pas réussi : les chairs se sont corrompues, il ne reste plus que la tête, elle en bon état, le corps, privé de la paroi abdominale et de la terminaison du pédoncule caudale, avec la nageoire correspondante ; enfin toutes les autres nageoires paires ou impaires sont altérées au point qu'une étude sérieuse en est impossible.

Toutefois la forme générale caractéristique des *Chænichthys* se retrouve

sur notre exemplaire ; d'autre part, malgré son mauvais état de conservation, on constate positivement sur le corps l'absence d'écailles, sauf
une ligne latérale formée de tubes soutenus par des lamelles ou plutôt
des apparences de lamelles ; il ne peut donc y avoir doute pour la détermination générique et les affinités avec le *Chænichthys rhinoceratus*
Richardson.

Quant à la détermination spécifique, elle est plus délicate à établir.

On trouve, dans le voyage « Erebus and Terror », une étude de l'espèce faite avec un soin extrême, aussi bien au point de vue descriptif
qu'au point de vue iconographique. Il y est donné entre autres détails
un tableau de dimensions en pouces et centièmes de pouce, d'où j'ai tiré
les renseignements suivants, ces mesures anciennes étant naturellement
converties en mesures nouvelles :

|  | Millim. | 1/100. |
|---|---|---|
| Longueur du corps | 402 | » |
| Hauteur | 89 | 19 |
| Épaisseur | 60 | 13 |
| Longueur de la tête | 162 | 35 |
| — de l'uroptère | 69 | 15 |
| — du museau | 76 | 47 |
| Diamètre de l'œil | 25 | 15 |
| Espace interorbitaire | 30 | 18 |

Grâce à la générosité du British Museum, notre collection possède
en outre un petit exemplaire du *Chænichthys rhinoceratus* de l'île Kerguelen, long de 79 + 13 = 92 millimètres, provenant des récoltes du
« Challenger ». Malgré cette différence de taille, les dimensions propor-
tionnelles sont presque les mêmes, comme le tableau suivant pourra en
faire juger ; cette constatation n'est pas sans intérêt pour indiquer la
valeur de cette méthode de comparaison :

|  | Millim. | 1/100. |
|---|---|---|
| Longueur du corps | 79 | » |
| Hauteur | 11 | 14 |
| Épaisseur | 11 | 14 |
| Longueur de la tête | 31 | 39 |
| — de l'uroptère | 13 | 16 |
| — du museau | 16 | 51 |
| Diamètre de l'œil | 4,5 | 14 |
| Espace interorbitaire | 5,5 | 17 |

N° 90-100. Coll. Mus.

L'individu rapporté par M. Charcot est d'assez belle taille, plus petit cependant, semble-t-il, que celui décrit par Richardson. La tête, mesurée de l'extrémité saillante du museau à l'occiput, est longue de 125 millimètres; ce qui reste du corps atteint 170 millimètres, soit un total de 295 millimètres. La tête, mesurée, comme il est d'habitude de le faire, de l'extrémité la plus avancée du museau au point le plus saillant de l'opercule, est de 136 millimètres; en calculant, d'après cette mensuration, la longueur que devrait avoir le corps par comparaison avec les mesures données au premier tableau (162 millimètres et 462 millimètres), on trouve qu'elle serait de 387 millimètres; il manquerait donc 92 millimètres de la partie postérieure du pédoncule caudal, l'uroptère n'étant pas comprise; à la vue, cela paraît peu probable, et l'on pourrait, à la rigueur, en déduire que le corps était plus court dans ce nouveau *Chænichthys*. Mais naturellement des erreurs possibles rendent cette déduction au moins douteuse.

Il n'en est pas de même des mensurations de la tête, laquelle, comme je l'ai dit, est dans un état satisfaisant; l'animal, il est vrai, est mort en extension complète des mâchoires, et les longueurs pourraient de ce fait être quelque peu exagérées, mais cela ne modifierait pas beaucoup les résultats, attendu que les intermaxillaires sont peu protractiles. Ces restrictions faites, voici quelles sont ces mesures :

|  | Millim. | 1/100. |
|---|---|---|
| Longueur de la tête.................. | 136 | » |
| —      du museau................. | 56 | 41 |
| Diamètre de l'œil.................... | 28 | 20 |
| Espace interorbitaire................. | 11 | 8 |

Le dernier chiffre donnant le rapport de la dimension de l'espace interorbitaire mérite surtout d'être relevé comme très inférieur à ceux trouvés dans les tableaux précédents. Cela ressort également de la comparaison qu'on peut faire entre la dimension de cet espace interorbitaire avec le diamètre de l'œil, mode souvent adopté par les auteurs dans les descriptions. Chez les deux exemplaires dont les dimensions sont données plus haut, cet espace est sensiblement plus grand que ce diamètre; il est au contraire ici notablement plus petit, n'en mesurant que 1/3.

Cette différence très frappante, et que confirme l'examen de la planche du voyage « Erebus and Terror », justifie, je crois, une distinction spéci-

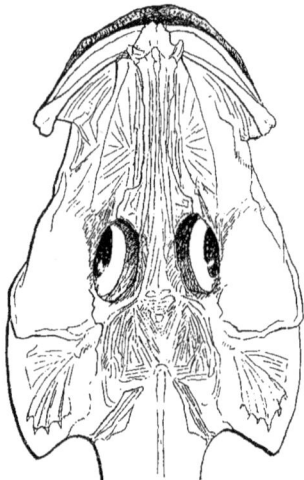

Fig. 1. — *Chænichthys Charcoti* Léon Vaillant. — Tête vue par la face supérieure. — 1/2 de la grandeur naturelle (1).

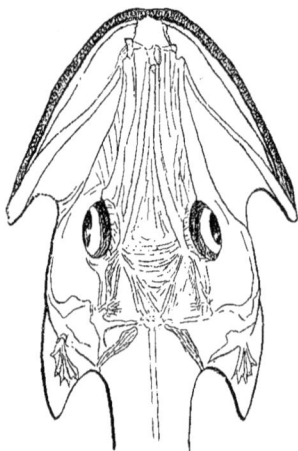

Fig. 2. — *Chænichthys rhinoceratus* Richardson. — Tête vue par la face supérieure. — 1/2 de la grandeur naturelle (d'après Richardson).

fique, et j'ai proposé pour cette espèce le nom de *Chænichthys Charcoti*.

Elle a été caractérisée dans une diagnose publiée précédemment :

CHÆNICHTHYS CHARCOTI n. sp. — CHÆNICHTHYS RHINOCERATUS Richardson *speciei verisimiliter peraffinis, patium interoculare admodum angustius, 2/11 (0,08) pro 1/12 (0,18) capitis longitudinis.*

N° 06-144. Coll. Mus. (N° 3 du catalogue.)

HABITAT. — Île Booth Wandel (tramail, par 30 mètres de fond). — Le 5 avril 1904. — « Museau assez fortement allongé. Ouverture buccale très large. Opercule avec deux pointes. Corps fortement tacheté de jaunâtre ; à la partie supérieure du museau, deux petites tubérosités de chaque côté de la ligne médiane, elles sont de couleur noire ; un tubercule médian plus mousse et légèrement jaune rouge. Nageoire

(1) Les figures 1, 3 et 4 ont été exécutées d'après nature par M. F. Angel, préparateur auxiliaire au Laboratoire d'ichtyologie.

dorsale à rayons jaune rougeâtre ; nageoires pectorales à rayons assez nettement rouge foncé ; nageoires ventrales petites un peu rougeâtres. Iris jaune d'or ; pupille violacée, un peu losangique, à grand axe antéro-postérieur. Quatre branchies avec deux rangées de lamelles. »

M. Lönnberg a fait connaître, sous le nom de *Chænichthys rhinoceratus* Richardson, n. subsp. *hamatus*, un individu trouvé à Snow Hill, qui se distingue du type par la présence au préopercule, « à l'angle de la courbe, de deux épines courtes, mais robustes et pointues ». Le *Chænichthys Charcoti* n'offre au préopercule rien de semblable.

Les exemplaires du *Chænichthys Esox* Günther sont en beaucoup plus mauvais état, ayant été retirés à demi digérés de l'estomac d'un Phoque.

Les pièces de la tête sont complètement disjointes ; les chairs altérées au point de se séparer en écailles ; les nageoires, surtout les nageoires impaires, en grande partie détruites. Cependant la disposition des mâchoires que l'on peut reconstituer au moyen des parties squelettiques, la présence de portions de peau assez entières pour qu'on y retrouve les taches habituelles, surtout la constatation d'absence complète d'écailles, la présence d'une ligne latérale constituée par des tubes scléreux libres, sans connexion apparente intime avec le tissu dermique, permettent de déterminer ces Poissons comme appartenant avec toute probabilité à l'espèce décrite par Günther en 1861.

Le Phoque de l'estomac duquel furent retirés ces *Chænichthys Esox* a été tué sur la banquise, à l'île Booth Wandel, le 4 juin 1904. Avec eux se trouvaient d'autres Poissons, entre autres des *Notothenia* indéterminables ; on ne compta pas moins d'une soixantaine d'individus en tout ; il en a été question plus haut.

L'examen des écailles de la ligne latérale de ces deux espèces offre, au point de vue histologique, certaines particularités sur lesquelles je crois attirer l'attention.

Lorsqu'on étudie cet appareil à la vue simple, on est frappé, comme l'ont été tous les auteurs, de la différence d'aspect qu'ils présentent pour chacune des espèces. Chez le *Chænichthys Charcoti*, comme chez le

*C. rhinoceratus*, la ligne latérale est très marquée, au moins sur les sujets conservés dans l'alcool, qui ont les tissus plus ou moins rétractés, résultat de la dessiccation produite par ce liquide conservateur. Elle apparaît comme une bande étroite courant le long du corps, saillante et limitée nettement par deux bords parallèles, sa largeur, dans l'individu décrit ici, pouvant être estimée de 2 millimètres à 2<sup>mm</sup>,5. Les tubes sont fixés sur cette bande, et, entre deux tubes consécutifs, se voit un trait vertical très net, ce qui, morphologiquement, justifie la phrase de Richardson : *linea lateralis... scutellis scabris armata.* Chez le *Chænichthys Esox*, le tégument ne présente pas de changement au niveau de la ligne latérale, et les tubes scléreux sont placés dans une peau molle, qui ne se distingue pas de celle du reste du corps. C'est sur ce caractère que s'est appuyé M. Cope pour élever le *Chænichthys Esox* au rang de genre distinct, sous le nom de *Champsocephalus*.

L'examen microscopique montre, sur la première de ces espèces, que l'épaississement est dû à un développement spécial des fibres conjonctives du derme, qui adhèrent très fortement entre elles et au tube scléreux, mais ne se calcifient pas pour produire une lamelle soutenant celui-ci comme dans les écailles ordinaires de la ligne latérale. Les tubes canaliculés ne peuvent, par dilacération, être isolés de ce tissu dermique, continu lui-même avec le tissu homologue voisin, tandis que, chez le *Chænichthys Esox*, la chose se fait avec la plus grande facilité.

Ceci justifie-t-il la création d'un genre pour cette dernière espèce, comme l'a proposé M. Gill ? Je ne le crois pas ; il n'y a là qu'une disposition un peu différente d'un même tissu amenant une texture plus ou moins serrée de ses fibres ; c'est un caractère secondaire qu'on peut regarder comme légitimant sans aucun doute une distinction spécifique, mais ne permettant pas de lui attribuer une valeur plus grande. Je pense donc qu'il n'y a pas lieu de conserver le genre *Champsocephalus*.

### 12. Harpagifer bispinis Richardson.

Dollo, 1904, p. 135.
Lönnberg, 1905, p. 8 et 17.

D. IV-22; A. 17.
Sq. nullæ.

Tête entrant pour 4/11 dans la longueur du corps; la hauteur équivaut à 1/4, l'épaisseur à 1/3 de cette même dimension. Museau occupant 2/7, œil 1/6 de la longueur de la tête; espace interorbitaire 1/4 de cette même dimension.

Cette espèce, déjà décrite très soigneusement par Richardson, a été, dans ces derniers temps, l'objet d'une étude anatomique très intéressante de la part de M. Smitt (1).

L'abdomen, surtout chez nos plus grands exemplaires, — les dimensions de l'un d'eux sont données ci-dessous, — offre un réseau de faibles lignes saillantes entre-croisées, qui rappelle un peu l'aspect offert par le tégument de certains Poissons pourvus d'écailles intracutanées (*Anguilla*, *Rhypticus*, etc.); mais l'examen histologique n'y montre aucune apparence de parties scléreuses dermo-épidermiques:

Dimensions de l'individu pris pour type:

|  | Millim. | 1/100. |
|---|---|---|
| Longueur du corps.................... | 85 | » |
| Hauteur............................ | 21 | 25 |
| Épaisseur.......................... | 27 | 32 |
| Longueur de la tête................. | 31 | 36 |
| — de l'uroptère.............. | 22 | 26 |
| — du museau................ | 9 | 29 |
| Diamètre de l'œil................... | 5 | 16 |
| Espace interorbitaire................ | 8 | 26 |

N° 06-151. Coll. Mus. (N° 45 du catalogue.)

HABITAT. — *a.* Ile Booth Wandel (chalut, par 40 mètres de fond). — Le 15 avril 1904. — N° 20 du catalogue: « Corps, nageoires ventrales et pectorales à larges bandes brunes. »

*b.* Ile Booth Wandel (chalut, par 40 mètres de fond). — Le 19 avril 1904. — N° 15 du catalogue: « Deux bandes noires dorsales transverses. »

(1) SMITT, 1898, p. 22, Pl. III, fig. 25. Il s'agit en particulier d'une glande située dans la cavité branchiale, sur la paroi soutenue par la ceinture scapulaire, vers la commissure supérieure du battant operculaire. L'auteur, suivant l'opinion de Leydig et de Dohrn, la désigne sous le nom de *thymus*. Ne serait-ce pas plutôt une glande venimeuse, comme on en connaît des exemples chez plusieurs Poissons, notamment les *Trachinus*? L'attention des voyageurs mérite d'être attirée sur ce point.

*c*. Ile Booth Wandel (plage). — Le 29 octobre 1904. — N° 39 du catalogue : « Couleur grise, tachetée de noir. »

*d*. Ile Wincke (drague, par 40 mètres de fond). — Le 29 décembre 1904. — N° 45 du catalogue : « Corps à larges bandes brunes
transversales. »

L'individu choisi pour les mensurations est le plus grand ; le plus
petit atteint encore $62 + 16 = 78$ millimètres. Il semble que, dans ces
régions, tous ces exemplaires ayant été pris dans les environs du 65° degré
de latitude sud, il y ait une tendance à ce que la taille soit plus forte que
dans les régions plus au nord ; bien qu'il n'y ait évidemment aucune
conclusion formelle à tirer d'un aussi petit nombre de faits, on remarquera que l'exemplaire mesuré par Richardson atteignait seulement
$50 + 10 = 60$ millimètres ; que, parmi les très nombreux individus rapportés par la Mission du Cap Horn, aucun ne dépasserait 80 millimètres (1).

Les Expéditions du « Southern Cross », du « Belgica », de « l'Antarctic », n'ayant pas les unes ou les autres rencontré l'*Harpagifer bispinis* aussi au sud, ce Poisson pouvait être regardé comme propre à la
Sous-Région magellanique et aux côtes sud-américaines voisines situées
un peu plus au nord ; le fait de constater sa présence dans la Sous-Région
antarctique proprement dite n'est pas sans quelque intérêt.

### 13. ARTEDIDRACO SCOTTSBERGI Lönnberg.

Lönnberg, 1905, p. 48, Pl. II, fig. 7 ; Pl. IV, fig. 15.

$$\text{D. III-24 ; A 18} + \text{V 1,5.}$$
$$\text{Sq. nullæ.}$$

Tête entrant pour 1/3 dans la longueur du corps ; la hauteur et
l'épaisseur équivalent à 2/11 de cette même dimension. Le museau
occupe 3/11, l'œil 3/11 de la longueur de la tête ; l'espace interorbitaire équivaut à 1/9 de cette même dimension.

Bien qu'à première vue on soit frappé des analogies à établir entre
ce Poisson et l'*Harpagifer bispinis*, un examen un peu attentif

(1) LÉON VAILLANT, 1891, p. 23.

permet de saisir, même dans l'aspect extérieur, des différences sensibles. La tête paraît en somme moins volumineuse, n'étant pas élargie par des prolongements spiniformes ; elle est plus distincte du corps, celui-ci s'atténuant de suite et n'ayant pas la portion abdominale dilatée, formant une masse sphéroïde distincte de la portion caudale. Celle-ci est notablement plus comprimée, sa largeur n'étant guère que 1/3 de sa hauteur, tandis que chez l'*Harpagifer* elle en fait un peu plus de moitié (5/9 = 0,55). Il en résulte que la forme générale est plutôt comparable à celle d'une Blennie qu'à celle d'un Chabot.

On reconnaît la présence d'une narine tubuleuse ; existe-t-il un second orifice? La taille exiguë de l'exemplaire unique que j'ai sous les yeux empêche de pouvoir se prononcer sur ce point; six ou sept pores muqueux, très développés, se voient en avant et en dessous de l'orbite.

Orifice branchial assez large, sa commissure inférieure répondant au niveau de l'insertion des ventrales.

Les lignes latérales sont très peu distinctes ; cependant j'ai cru en reconnaître une antérieure, située vers le quart supérieur du corps ; elle s'arrêterait vers le huitième ou dixième rayon de la deuxième dorsale; postérieurement, dans la région caudale et placée au milieu de la hauteur, au point de jonction des masses musculaires latérales, s'en trouve une seconde, occupant la moitié postérieure environ de la longueur du corps, elle est un peu plus distincte que l'antérieure.

Il existe une papille anale, qui se présente au-devant de l'orifice cloacal comme un bourrelet transverse, subpédonculé ; chez l'*Harpagifer*, il l'est plus visiblement. Cela peut tenir à des conditions individuelles; Richardson a fait déjà remarquer que, sur l'*Harpagifer*, on observait des variations assez grandes sous ce rapport, suivant les sujets étudiés.

Les ventrales sont composées d'un rayon externe simple, mou, les autres rayons étant branchus et épaissis ; le bord externe est coupé carrément, aussi la forme générale est-elle celle d'une sorte de quadrilatère. Ces nageoires étant proportionnellement moins développées, moins épaisses, plus étroites que chez l'*Harpagifer*, comme d'autre part l'abdomen est moins aplati, on peut croire que l'ensemble ne constitue pas un appareil d'adhérence aussi parfait que chez celui-ci.

Le barbillon génien est court, conique, moins allongé qu'il ne l'est dans les figures données par M. Lönnberg, ce qui peut résulter de conditions individuelles ou accidentelles.

La tête est gris brunâtre, le corps jaune-chamois clair, avec des taches brunes nuageuses, irrégulièrement disposées, cependant plus accusées sous le quart antérieur et le quart moyen de la seconde dorsale ; à la terminaison du pédoncule caudal, on voudrait retrouver les bandes transverses de l'*Harpagifer*, mais le dessin interrompu est loin d'avoir la même netteté; les nageoires, sauf la première dorsale, sont chargées de points sombres, dont quelques-uns d'un noir intense, surtout aux nageoires seconde dorsale et anale; elles sont rares et peu distinctes sur les ventrales; ces taches sont alignées en séries longitudinales aux deux nageoires impaires supérieure et inférieure, en séries transversales sur l'uroptère et les pleuropes, particulièrement nettes sur la première de celles-ci, où on en compte cinq ou six.

La gorge et l'abdomen sont jaunâtre clair.

|  | Millim. | 1/100. |
|---|---|---|
| Longueur du corps | 56 | » |
| Hauteur | 10 | 18 |
| Épaisseur | 10 | 18 |
| Longueur de la tête | 18 | 32 |
| — de l'uroptère | 15 | 27 |
| — du museau | 5 | 28 |
| Diamètre de l'œil | 5 | 28 |
| Espace interorbitaire | 2 | 11 |

N° 06-152. Coll. Mus. (N° 9 du catalogue.)

HABITAT. — Ile Booth Wandel (chalut, par 40 mètres de fond). — Le 19 avril 1904. — « Corps avec taches brunes irrégulières. Sur les nageoires dorsale et caudale, taches noirâtres vers le bord distal; nageoires paires avec bandes alternativement brunes et blanches. »

Nous n'avons qu'un seul exemplaire de cette rare et curieuse espèce. L'assimilation générique et spécifique ne paraît pas douteuse.

### 14. PLEURAGRAMMA ANTARCTICUM Boulenger.

Boulenger, 1902, p. 187, pl. XVIII.
Dollo, 1904, p. 54.
Lönnberg, 1905, p. 49.

D. V-39; A. 38, + V. 6.
Sq. 44/11.

Tête entrant pour 2/7 dans la longueur du corps ; la hauteur équivaut à 1/5, l'épaisseur à 1/19, la longueur de l'uroptère à 2/11 de cette même dimension. Le museau occupe 1/3, l'œil 2/7 de la longueur de la tête ; l'espace interorbitaire équivaut à 2/11 de cette même dimension.

Ces proportions sont remarquablement concordantes avec celles données par M. Boulenger dans une description si complète qu'il est inutile d'en faire ici une nouvelle. Les quelques différences qu'on pourrait signaler dans les formules des nageoires (D. VI ; A. 30 à 40) et des écailles (3/45-46/12) sont de peu d'importance.

Les écailles (fig. 3), — M. Boulenger l'indique dans la caractéristique du genre, — sont du type cycloïde. J'ajouterai qu'elles se rapportent au type eucycloïde par leur foyer central, par la présence de lignes concentriques régulièrement disposées, surtout dans la région plus voisine du centre, sans ou avec de faibles traces de sillons centrifuges ; toutefois leur forme n'est pas orbiculaire, mais polygonale, constituant une sorte de pentagone dont un des sommets est postérieur. Cette description est faite d'après

Fig. 3. — *Pleuragramma antarcticum* Boulenger. — Écaille des flancs. — Gross. : 9 diam.

une écaille des flancs, prise, suivant une méthode généralement adoptée, vers le milieu de la hauteur du corps, du côté gauche, sur la ligne transversale oblique, descendant de l'origine de la dorsale. Cette écaille mesure 5 millimètres de long sur 5$^{mm}$,4 de hauteur.

Dans la diagnose générique, il est dit que la ligne latérale n'existe pas. C'est ce qu'on peut croire en effet au premier abord, mais en y regardant de plus près sur les exemplaires rapportés par M. Charcot, lesquels, sous ce rapport, sont en excellent état ; on observe à la partie postérieure des flancs, une ligne latérale, très rudimentaire, il est vrai, occupant à peine le tiers postérieur du corps.

Les écailles qui la composent (fig. 4), très peu plus petites que celles des flancs, 4ᵐᵐ,2 de long sur 4ᵐᵐ,5 de large, sont exactement du même type que celles-ci. Seulement le champ postérieur, au lieu de se prolonger en pointe, est bifide, la saillie étant remplacée par une sinuosité médiane; en outre, on distingue, sur la portion moyenne antérieure, des sillons centrifuges rudimentaires, qui peuvent s'étendre jusqu'au foyer. C'est là un type intéressant comme passage des écailles eucycloïdes aux écailles cycloïdes flabelliformes. D'autre part, la lamelle ne paraît présenter aucune partie scléreuse protectrice de l'appareil nerveux sensoriel; autant qu'on en peut juger, il n'y a qu'un tube membraneux fixé dans l'échancrure terminale postérieure.

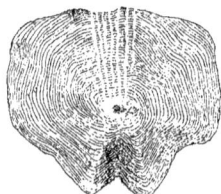

Fig. 4. — *Pleurogramma antarc-ticum* Boulenger. — Écaille de la ligne latérale. — Gross. 9 diam.

Dimensions de l'individu pris pour type :

|  | Millim. | 1/100. |
|---|---|---|
| Longueur du corps................... | 155 | » |
| Hauteur............................ | 32 | 20 |
| Épaisseur.......................... | 18 | 11 |
| Longueur de la tête................. | 44 | 28 |
|  — de l'uroptère............. | 28 | 18 |
|  — du museau................. | 15 | 34 |
| Diamètre de l'œil................... | 13 | 29 |
| Espace interorbitaire............... | 8 | 18 |

N° 06-153. Coll. Mus. (N° 63 du catalogue.)

HABITAT. — Côte de la Terre de Graham, 66° 30' de latitude sud. — Le 12 janvier 1905. — « Recueillis dans la banquise en désagrégation. »

Les deux exemplaires rapportés par le « Français » sont dans un très bon état de conservation, ce qui permet d'apprécier, comme M. Lönnberg en a déjà fait la remarque, le soin avec lequel a été reconstitué l'animal dans le dessin donné par M. Boulenger. Ce dessin est d'une très grande exactitude; à peine peut-on faire remarquer que, dans la forme générale, la ligne ventrale, au lieu d'être convexe, paraît plutôt droite, légèrement ascendante d'avant en arrière. Encore faut-il observer que nos individus sont un peu desséchés par l'action de l'alcool.

Les exemplaires types avaient été obtenus sur la banquise, mais en un point plus élevé vers le pôle, 78° 33′ de latitude sud et 163° de longitude ouest, dans le quadrant pacifique. Celui que possède le musée de Stockholm a été trouvé dans l'estomac d'un Phoque, *Leptonychotes Weddelli*, sur la Terre Jason, appartenant à la Terre de Graham, c'est-à-dire en un point voisin du lieu où ont été faites les recherches du Dr Jean Charcot, dans le quadrant américain. Ce qui tend à confirmer ce qui a été dit au début de ce travail sur l'importance très contestable de la division en quadrants.

# BIBLIOGRAPHIE

Dollo (Louis), 1904. Résultats du Voyage du « S. Y. Belgica » en 1897-1898-1899, sous le commandement de A. de Gerlache de Gomery. Zoologie, Poissons. Anvers, 239 pages, XII Planches,
5 figures dans le texte.

Lönnberg (Eimer), 1905. The Fishes of the Swedish south Polar Expedition. Stockholm, 90 pages,
V Planches, 5 figures dans le texte.

Richardson (Sir John), 1844-1848. The Zoology of the Voyage of H. M. SS. « Erebus and Terror » un-
der the command of Capt. sir Jam. Clark Ross, during the Years 1839 to 1843. Fishes. London,
VIII + 139 pages, LX Planches.

Smitt (F.-A.), 1897 et 1898. Poisson de l'Expédition scientifique à la Terre de Feu, sous la direction du Dr O. Nordenskjöld (Bih. K. Svenka Vet. Acad., t. XXIII, art. 3, 37 pages, III Planches;
et t. XXIV, art. 5, 80 pages, VI Planches.

Vaillant (Léon), 1891. — Mission scientifique du Cap Horn 1882-1883. T. VI, Zoologie, première
partie C. Poissons, 35 pages, IV Planches.

— 1906. Sur les Poissons recueillis pendant l'Expédition antarctique française commandée par
le Dr Jean Charcot. Note préliminaire (Bull. Mus. Hist. nat., p. 138-140. — Séance du 27 mars
1906).

— 1906. Sur une nouvelle espèce de Chænichthys provenant de l'Expédition antarctique française sous le commandement du Dr Jean Charcot (Bull. Mus. Hist. Nat., p. 246-247. — Séance
du 29 mai 1906).

Corbeil. — Imprimerie. Ed. Crété.

www.ingramcontent.com/pod-product-compliance
Lightning Source LLC
Chambersburg PA
CBHW050543210326
41520CB00012B/2698